语文教材配套阅读 | 课文作家作品系列
四年级上册 | 王林 / 主编

XISHUAI DE ZHUZHAI

蟋蟀的住宅

[法]让-亨利·法布尔 / 著
陈筱卿 / 译

人民教育出版社
·北京·

责任编辑：邵梦
插　　画：欧欧卡、白廷廷 等
装帧设计：杨静

图书在版编目（CIP）数据

蟋蟀的住宅 /（法）让 - 亨利·法布尔著；王林主编．— 北京：人民教育出版社，2019.11（2024.6 重印）
（课文作家作品系列）
ISBN 978-7-107-34131-1

Ⅰ. ①蟋…　Ⅱ. ①让…②王…　Ⅲ. ①蟋蟀—少儿读物　Ⅳ. ① Q969.26-49

中国版本图书馆 CIP 数据核字（2019）第 261496 号

语文教材配套阅读　四年级　上册　蟋蟀的住宅

出版发行　人民教育出版社
（北京市海淀区中关村南大街 17 号院 1 号楼　邮编：100081）
网　　址　http://www.pep.com.cn
经　　销　全国新华书店
印　　刷　北京利丰雅高长城印刷有限公司
版　　次　2019 年 11 月第 1 版
印　　次　2024 年 6 月第 13 次印刷
开　　本　787 毫米 ×1 092 毫米　1/16
印　　张　8
字　　数　160 千字
定　　价　25.00 元

目录

蟋蟀的住宅

居住在草地上的蟋蟀，差不多和蝉一样有名。它的出名不光由于它的唱歌，还由于它的住宅。

别的昆虫大多在临时的隐蔽所藏身。它们的隐蔽所得来不费功夫，弃去毫不可惜。蟋蟀和它们不同，不肯随遇而安。它常常慎重地选择住址，一定要排水优良，并且有温和的阳光。它不利用现成的洞穴。它的舒服的住宅是自己一点儿一点儿挖掘（jué）的，从大厅一直到卧室。

蟋蟀怎么会有建筑住宅的才能呢？它有特别好的工具吗？没有。蟋蟀并不是挖掘技术的专家。它的工具是那样柔弱，所以人们对它的劳动成果感到惊奇。

在儿童时代，我到草地上去捉蟋蟀，把它们养在笼子里，用菜叶喂它们。现在为了研究蟋蟀，我又搜索起它们的巢穴来。

在朝着阳光的堤岸上，青草丛中隐藏着一条倾斜的隧道，即使有骤雨，这里也立刻就会干的。隧道顺着地势弯弯曲曲，最多九寸深，一指宽，这便是蟋蟀

的住宅。出口的地方总有一丛草半掩着，就像一座门。蟋蟀出来吃周围的嫩草，决不去碰这一丛草。那微斜的门口，经过仔细耙（pá）扫，收拾得很平坦。这就是蟋蟀的平台。当四周很安静的时候，蟋蟀就在这平台上弹琴。

屋子的内部没什么布置，但是墙壁很光滑。主人有的是时间，把粗糙的地方修理平

整。大体上讲，住所是很简朴的，清洁、干燥，很卫生。假使我们想到蟋蟀用来挖掘的工具是那样简单，这座住宅真可以算是伟大的工程了。

蟋蟀盖房子大多是在十月，秋天初寒的时候。它用前足扒土，还用钳（qián）子搬掉较大的土块。它用强有力的后足踏地。后腿上有两排锯，用它们将泥土推到后面，倾斜地铺开。

工作做得很快。蟋蟀钻到土底下干活儿，如果感到疲劳，它就在未完工的家门口休息一会儿，头朝着外面，触须轻微地摆动。不大一会儿，它又进去继续工作。我一连看了两个钟头，看得有些不耐烦了。

住宅的重要部分快完成了。洞已经挖了有两寸深，够宽敞的了。余下的是长时间的整修，今天做一点儿，明天做一点儿。这个洞可以随天气的变冷和它身体的增长而加深加阔。即使在冬天，只要天气温和，太阳晒到它住宅的门口，还可以看见蟋蟀从里面不断地抛出泥土来。

昆虫的装死

我研究昆虫装死的情况时，第一个被我选中的是那个凶狠的剖腹杀手——大头黑步甲。让这种大头黑步甲动弹不了非常容易：我用手捏住它一会儿，再把它在手指间翻动几次就可以了。还有更加有效的办法：我捏住它，然后把手一松，让它跌落在桌子上，在不太高的高度上，让它这么摔几次，让它感到碰撞的震动，如果必要的话，就多让它摔几次，然后，让它背朝下，仰躺在桌子上。

大头黑步甲经这么一折腾，便一动不动，如死了一般。它的爪子蜷缩在肚腹上，两条触须软塌塌地交叉在一起，两个钳子都张开着。在它的旁边放上一只表，这样，实验的起始与结束时间就可以被准确地记录下来。这之后，只有等待，而且还得静下心来，耐心地等待着，因为它静止不动的时间是非常长的，让人等得心烦，没有耐心是成功不了的。

大头黑步甲的静止状态保持得很长，有时竟然长达五十分钟，一般情况下，也得有二十分钟左右。如果不让它受到外界的影响，比如，这种实验正好是在盛夏酷暑时进行，我就把它用玻璃罩扣住，避开了大热天里的常客——苍蝇的骚扰，那么，它的静卧状态就是真正的、完全的静止状态：无论是跗（fū）骨，还是触须，全都毫不颤动，看上去，它就像僵死在桌子上了似的。

最后，这只看似死了的大头黑步甲复活了。前爪跗节开始微微颤动，随即，所有的跗骨全都颤动起来，触须也跟着慢慢地摇来摆去。这就证明它确实是复活了。腿脚随后也跟着乱划乱踢起来。它的身体在腰带紧束住的地方稍稍

弓起；接着重心落在头和背上；然后，它猛一用力，身子便翻转过来了。此刻，它便迈开小碎步，跑动起来，仿佛知道此处危险重重，必须逃离险区。假如我又把它抓住，它便又立刻装起死来。

我趁此机会又做了一次实验。刚刚复苏的大头黑步甲又一次静止不动了，依旧是背朝下地仰躺着。这一次，它装死的时间要比第一次来得长。当它再次苏醒时，我又进行了第三次同样的实验。随后，我又对它进行了第四次、第五次实验，一点儿喘息的机会都不留给它。它静卧的时间在逐渐地延长。根据我所记录下来的静卧时间，分别为十七分钟、二十分钟、二十五分钟、三十三分钟、五十分钟。

我做了许多次类似的实验，虽然结果不完全相同，但基本上有着一个共同点：昆虫连续假死时，每次的持续时间都不相同，长短不一。这个结果使我们得知，通常情况下，如果实验连续多次进行的话，大头黑步甲会让自己假死的时间一次比一次长。这是不是说明它一次比一次更适应这种假死状态呢？这是不是说明它变得越来越狡猾，企图让敌人最后丧失耐心？对此我一时无法做出定论，因为我对它的探究还很不够。

要想探出它真的是在耍手腕，真的是在作假蒙人，蒙混过关，就必须采取一种非常聪明的试探方法，揭穿这个骗子的招数。

接受实验的大头黑步甲躺在桌子上。它能感觉得出自己身子下面压着的是一块坚硬的物体，想要向下挖掘，根本就不可能。挖掘一个地下隐蔽室，对于大头黑步甲来说简直是小菜一碟，因为它掌握着快捷强劲的挖掘工具。然而，自己身下却是一块硬东西，毫无挖掘的可能，所以它无可奈何，只能忍气吞声、静静地躺在那儿，一动不动，必要的话，它甚至可以坚持一小时。如果躺在沙土地上的话，它立即就能感觉得到下面是松松散散的沙粒。在这种情况下，它还会傻乎乎静静地躺着，不想尽快逃之夭（yāo）夭？难道它连扭动腰身都不想？没有一点儿往沙土地里钻的意思？

我真的希望它会有所转变，产生逃跑的念头。但是，最后，我知道自己的想法错了。无论我把它放在木头上、玻璃上、沙土上，还是松软的泥土地上，它都不改变自己的战略战术。在一片对它来说挖掘起来极其容易的地面上，它照样是静卧着不动弹，同在坚硬物体上躺着时一模一样。

大头黑步甲对不同材质的物体表面采取了同样态度，并不厚此薄彼，坚持一视同仁，这一点为我们的疑惑不解稍微地敞开了一点儿门缝。接下来所发生的事情令这扇门大大地敞开来了。接受实验的大头黑步甲躺在我的桌子上，离我很近，可以说就在我的眼皮底下。我发现它的触须在半遮挡着它的视线，但它那两只贼亮的眼睛看见了我，它在盯着我，在观察着我。面对着我这么个庞然大物，这只昆虫的视觉会有什么样的感应呢?

我们就认为这只正盯着我的昆虫把我看作是欲加害于它的敌人吧。这样的话，只要我待在它的面前，这只生性多疑的昆虫就会一动不动地躺着。如果它突然又恢复活动了，那它肯定是认为已经把我耗得差不多了，让我已经完全失去了耐心。那么，我还是先躲到一边去。既然它面前的这个庞然大物已经离开了，它也就用不着再装死，再耍这种花招也没什么意义了，所以，它就会立刻翻转身子，急急忙忙地溜之大吉。

我走出十步开外，到了大房间的另一头，隐蔽好，不弄出任何动静。但是，我这番谨慎小心的心思全都白费了，我的那只昆虫仍旧待在原地，没有一点儿动静，就这么静静待了好长好长时间，跟我在它的近旁待的时间一样长。

它真够狡猾的，想必它是发觉我仍旧待在这间房间里了，只是待在房间的另一头罢了。这也许是它的嗅觉在告诉它我并没有离去。一计不成，我就另生一计。我把它用钟形罩给扣住，不让讨厌的苍蝇去骚扰它，然后，我便走出房间，到花园里去了。房间的门窗全都紧闭着，屋外的声音传不进去，屋内也没有什么会惊扰它的，总之，一切会令它感到惊恐的东西，全都远离了它。在这么安静而不受骚扰的环境中，它会有什么反应呢？

实验的结果是，假死的时间与平时情况之下完全一样，既未增加也未减少。二十分钟过去了的时候，我进屋里去查看了一下，四十分钟过去的时候，我又进屋里去查看了一番，但是，情况没有发生任何的变化，它仍旧是仰面朝天，一动不动地原地躺着。

这之后，我又用几只虫子做了相同的实验，其结果都很明确地证明，它们在装死的过程中，并没有任何令它们感到危险的东西存在，在它们的周围，既没有声音，又没有人或其他昆虫，在这种情况之下，它们仍然一动不动，那想必它们装死并不是在欺骗自己的敌人。这一点得到肯定之后，我便推测其中必然另有原因。

那它究竟为何采取这种特殊伎俩来保护自己呢？一个弱者、一个得不到保护的不惹是生非的人，在必要之时，为了生存而采取一些诡计，这是可以理解的。但它可是一个浑身甲胄（zhòu）、崇尚武力的家伙，为什么要采取这种弱者的手段？对此我感到很难理解。在它所出没的势力范围内，它是打遍天下无敌手的。强壮的圣甲虫和蛇金龟，都是生性温厚的昆虫，它们非但不会去骚扰它、欺侮它，相反，它们倒是大头黑步甲食品储存室里源源不断的猎物。

我又开始怀疑，是不是鸟儿对它构成了威胁？可是，它和步甲虫的体质相同，身体里浸透着一股刺鼻恶心的气味，鸟类闻了是绝不敢把它吞到肚子里去的。再说，它白天都躲藏在洞穴里，根本就不到洞外来，谁也见不到它，谁也不会打它的歪主意。而到了天黑之后，它才爬出洞外，可夜里鸟儿归林，河边已无鸟儿的踪影了，它也就根本不存在被鸟类一口啄到之虑。

这么一个对蛇金龟、有时也对圣甲虫进行残杀的刽子手，这么一个并没有谁敢碰它的可恶而凶残的家伙，它怎么会一遇风吹草动便立刻装死呢？我百思不得其解。

我在同一片河边地带，发现了同时在此居住的抛光金龟，也叫光滑黑步甲的昆虫，它给了我启迪。前面所说的大头黑步甲是个巨人，相比之下，现在所提到的同是这片河边的主人的抛光金龟就是个侏（zhū）儒（rú）了。它们体形相同，同样是乌黑贼亮，同样是身披甲胄，同样是以打家劫舍为生。但是，相比之下算是侏儒的抛光金龟，远不如其巨人同类的火力强，而且它也不懂得装死这个诡计。你无论怎么折腾它，比如把它背朝下放在桌子上，它都会立即翻转过来，拔腿就跑。我每次试它，也只能看到它背朝下静止不动几秒钟而已。只有一次，我实在是把它折腾得够呛，它总算是假装死去地待了一刻钟。

这侏儒与巨人的情况怎么这么不同呀？巨人只要一被弄得仰面朝天，它就静止不动了，非要装死一个钟头之后才翻身逃走。强大的巨人采取的是懦（nuò）夫的做法，而弱小的侏儒则是采取立即逃跑的做法，二者反差这么大，其原因究竟在哪里呢？

于是，我便试试危险情况会对它产生什么样的影响。当大头黑步甲背朝下、腹朝上一动不动地静躺着的时候，我在想，让什么敌人出现在它的面前好呢？可我又想不出它的天敌是什么，只好找一种让它感到是个来犯者的昆虫。于是，我便想到嗡嗡叫的苍蝇了。

大热天里做实验，苍蝇嗡嗡地飞来飞去，真是让人心里很烦。如果我不给大头黑步甲罩上钟形罩，我也不在它的身边守着，那么，讨厌的苍蝇肯定会飞落在我实验对象的身上，这样，苍蝇就会帮上忙了，可以替我探听一下装死的大头黑步甲的虚实了。

当苍蝇落在装死的大头黑步甲身上，刚用自己的细爪挠了它几下，它的跗节便有了微微颤动的反应，仿佛因直流电疗的轻微振荡而颤抖一样。如果这个不速之客只是路过，稍作停留，随即离去的话，那么，这细微的颤动反应很快便会消失；如果这位不速之客赖着不走，特别是，又在浸着唾液和溢流食物汁的嘴边活动的话，那么，受到折腾的大头黑步甲就会立即蹬腿踢脚，翻转身子，逃之夭夭。

它也许是觉得，在这么个不起眼的对手面前耍花招实在没有必要，有伤自尊。它翻转身子离去，是因为它明白眼前的这个骚扰者对自己并不构成什么威胁。看来，我们得另请高明，让一只力量强大、身材魁（kuí）梧、让人望而生畏的讨厌的昆虫来试探一下大头黑步甲了。正好，我喂养着一只天牛，爪子和大颚（è）都十分厉害。天牛这种带角的昆虫，我知道它是性情平和的，但大头黑步甲并不了解这个情况，因为在它所出没的河边地带，从来就没有出现过天牛这种大个儿昆虫。说实在的，看上去，这长角的天牛真的会让这蛮横的虫类望而生畏，退避三舍。对陌生者本来就存有的一种恐惧感，一定会让情况复杂起来的。

我用一根稻草秆儿把天牛引到大头黑步甲旁边。天牛刚把爪子放到静静仰卧着的那个家伙的身上，它的跗节便立即颤动起来。如果天牛非但不把爪子挪开，而且还老在它的身上摸来挠去，甚至转而变成一种侵犯的姿态，那么，如死了一般躺着的大头黑步甲便一下子翻转身子，仓皇地溜走。这情景，与双翅目昆虫骚扰它时一模一样。危险就在眼前，再加上对陌生者所怀有的恐惧感，它当然会立即抛弃装死的骗术，逃命要紧。

我又做了一个实验，结果也颇让我感到欣慰。大头黑步甲仰躺在桌子上装死，我便用一件硬器物轻轻敲击桌腿，让桌子产生微微的颤动。但不能猛敲，免得桌子发生摇晃。我注意掌握力量的大小，让桌面产生的颤动仿佛是一种弹性物体所产生的颤动一样。用力过大，会惊动大头黑步甲的，它就不会保持其僵死状态了。我每轻敲一下，它的跗节便蜷缩着颤动一会儿。

最后，我们再来看看光线对它所产生的影响。到目前为止，我的实验对象都是待在我书房那弱光环境中接受我的实验的，并未接触到直射进来的太阳光。此刻，我书房的窗台已经洒满阳光。我要是把我的实验对象移到阳光充足的窗台上去，让这只静卧着一动不动的昆虫接触一下强光，它会有何反应呢？我刚把它往窗台这么一移，效果立即产生：大头黑步甲腾地翻转身子，拼命奔逃。

现在，真相大白了。吃尽苦头、被折腾得够呛的大头黑步甲，已经把自己的秘密吐露出来了。当苍蝇戏弄它，舔它沾有黏液的嘴唇，把它当作一具尸体，想吸尽所有可口的汁液的时候；当它眼前出现了那只让它望而生畏的天牛，爪子已经伸到它的腹部，像是要占有一个猎物的时候；当桌子发生轻微的震颤，它以为是大地传来的震颤，断定有敌人在自己的洞穴附近挖掘，将要来袭的时候；当强烈的阳光照射到它的身上，对自己的敌人十分有利，而对喜欢昏黑的它不利，以为自己的安全受到威胁的时候，它就会立即做出反应，抛弃装死的骗术，立即逃命。但是，当一种灾祸对它构成威胁时，它通常总是采取它那装死的惯技，以骗过敌人。所以说，装死是它的看家本领。

在我以上所提及的那种危在旦夕的时刻，我的实验对象是在战栗，而不是继续在装死。在这类危险之下，它已经是方寸大乱了，慌不择路地拼命逃遁。它那一贯的伎俩已经不见了踪影，确切地说，它根本就无计可施了。所以说，它的静止不动，并不是装出来的，而是它的一种真实状态。是它复杂的神经紧张反应造成它一时间陷于动弹不得的状态之中。随便一种情况都会让它极度地紧张起来，随便一种情况都可以

让它解除这种僵直状态，特别是受到阳光的照射。阳光是促发活力的无与伦比的强烈刺激。

我觉得，在受到震动后长时间保持静止状态的方面，可以与大头黑步甲相提并论的是吉丁中的一种，即烟黑吉丁。这种昆虫个头儿不小，浑身黑亮，胸甲上有白粉，喜欢在刺李树、杏树和山楂树上待着。在某些情况下，你有可能发现它把爪子紧紧地收拢起来，触须耷（dā）拉着，仿佛僵死了一般，而且可以保持这种状态一个多小时。而在其他的情况之下，它总是一遇危险便迅速逃走。从表面上看，是气候因素在起作用，但我却并没明白气候到底暗暗地发生了什么变化。在这种情况下，一般来说，我发现它的僵直状态只是保持一两分钟而已。

烟黑吉丁在光线暗淡的地方一动不动，可我一把它移到充满阳光的窗台上，它立刻就恢复了活力。在强烈的阳光下只待几秒钟，它便把自己的一对鞘（qiào）翅裂开，作为杠杆，骨碌一下就爬了起来，立刻想飞走，好在我眼疾手快，一把摁住了它，没让它逃掉。这是一见到强光就惊喜，晒着太阳就狂热的昆虫，一到午后炎热的时候，它便趴在刺李树上晒太阳，如痴如醉，快活极了。

看见它如此喜欢酷热，我立刻产生一种想法：如果在它装死的时候，立刻给它降温，那它又会做出何种反应呢？我猜想它会延长其静止状态。但这种方法使不得，因为一旦降温，有越冬能力的昆虫可能会被冻得麻木，随即进入冬眠状态。

我现在需要的不是烟黑吉丁的冬眠，而是要它保持充沛的活力。所以，我要让它处于徐缓的、有节制的降温状态，要让它像在相似的气候条件下一样，依然具备它平时的生命行为方式。于是，我动用了一种很合适的保冷材料——井水。我家的井水，夏季里，水温要比外面气温低十二度，清凉清凉的。

我用惊扰的方法，把一只烟黑吉丁折腾得处于僵缩状态，然后，让它背朝下躺在一只小的大口瓶底上，再用盖子把瓶口盖紧盖严，放进一个装满冷水的小木桶里。为了使桶里的水保持其低温，我不断地往桶里加井水。在加入新的井水时，我小心翼翼地先把原来桶内的井水一点儿一点儿地去掉。动作必须轻而又轻，否则会惊动瓶子里的昆虫的。

结果十分理想，我并没白费心思。那只烟黑吉丁在水中的瓶子里待了五小时，都没有动弹一下。五小时可不算短，而且，如果我再这么实验下去，它可能还会坚持很长时间的。但是，五小时已经很不错了，很能说明问题了，绝不要以为它这是在耍花招。毫无疑问，它此时此刻并不是在故意装死，而是进入了一种昏昏沉沉的麻木状态，因为我一开始把它折腾得只好以装死来对付，后来嘛，降温的方法又给它造成一种超乎寻常的延长休眠状态的条件。

我对大头黑步甲也采取了这种井水降温法，但它的表现却不如烟黑吉丁，在低温下保持休眠状态的时间没有超过五十分钟。五十分钟不算稀奇，以往没有用降温法时，我也发现大头黑步甲静卧过这么长时间。

现在，我可以下结论说，吉丁类昆虫喜欢灼热的阳光，而大头黑步甲是夜游者，是地下居民。因此，在进行“冷水处理”时，吉丁与大头黑步甲的感受就不尽相同。温度降低之后，怕冷的昆虫会惊魂不定，而习惯于地下阴凉环境的昆虫则不以为然。

我继续沿着降温的这一思路进行了一些实验，但并未发现什么新的情况。我所看到的是，不同的昆虫在低温下保持休眠状态的时间之长短，取决于它们是追求阳光者还是喜欢阴暗者。现在，我再换一种方法来试试看。

我往大口瓶里滴上几滴乙醚（mí），让它挥发，然后，把同一天捉到的一只粪金龟和一只烟黑吉丁放进瓶里。不多一会儿，这两只实验品便不动弹了，它们被乙醚给麻痹了，进入了休眠状态。我赶紧把它们取了出来，背朝下地放在正常的空气之中。

它俩的姿态与受到撞击和惊扰后的姿态一模一样。烟黑吉丁的六只足爪，很规则地收缩在胸前；粪金龟的足爪则是摊开来的，不成规则地叉开着。它们是死是活，一时还说不清楚。

其实，它们并没有死。两分钟后，粪金龟的跗节便开始抖动，口须震颤，触角缓缓地晃动。接着，前爪活动起来。又过了将近一刻钟，其他爪子也都乱摇动开来。因碰撞震动而采取静止状态的昆虫，很快就会采取动态姿势的。

但烟黑吉丁却如死了一般地躺着，好长时间也不见它动弹，一开始，我真的以为它死了。半夜里，它恢复了常态，我是第二天才看到它已经像平时一样在活动。我在乙醚尚未充分发挥效力之前，便及时地停止了这种实验，所以没有给烟黑吉丁造成致命的伤害。不过，乙醚在它身上所起的作用要比在粪金龟身上所起的作用大得多。由此可见，对碰撞震动和降低温度比较敏感的昆虫，同样对乙醚所产生的作用也很敏感。

敏感性上的这种微妙的差异，说明了为什么我用同样的撞击和手捏方法使两种昆虫处于静止不动状态之后，它们的表现会有这么大的区别。烟黑吉丁静卧姿态保持近一小时，而粪金龟则只待了两分钟就开始摇晃自己的足爪了。直到今天为止，我也只是在少有的情况之下，才见到粪金龟能坚持两分钟的静卧姿态。

烟黑吉丁体形大，且有坚硬的外壳保护身体，它的外壳硬得连大头针和缝衣针都扎不透。既然如此，为什么它那么爱装死，而无坚硬外壳保护的小粪金龟却无须装死来保护自身呢？这种情况在不少的昆虫身上也都是存在的。各种昆虫当中，有些会长时间地一动不动，有的却坚持不了一会儿；仅仅依照接受实验的昆虫的外形、习性来预先判断其实验结果，是完全不可靠的。譬如，烟黑吉丁一动不动的时间保持得很长，那么，就可以断定与它同属的昆虫，就一定同烟黑吉丁的表现是一样了？我碰巧捉到了闪光吉丁和九星吉丁。我在对闪光吉丁做实验时，它硬是不听我的指挥。我把它背朝下地按住，它就拼命地抓我的手，抓住我捏着它的手指，只要让它的背一着地，它就立即翻过身来。而九星吉丁却不用费劲就能让它静卧着不动了，只是它装死的时间也太短了！顶多也就是四五分钟而已！

我在附近山间碎石下经常可以发现一种墨纹甲虫，身子很短小，且有一股怪味。它能持续一个多小时一动不动，可以与大头黑步甲相提并论了。不过，必须指出，在大多数情况之下，它只坚持几分钟的僵死状态，然后便立即恢复常态。昆虫能长时间地坚持一动不动，是不是它们喜欢暗黑的习性造成的？完全不是，我们看一看与墨纹甲虫同属一类的双星蛇纹甲虫就十分清楚了。双星蛇纹甲虫后背滚圆滚圆的，仰身翻倒后，立即便翻过身来。还有一种拟步行虫，脊背扁平，身体肥实，鞘翅因无中缝而无法帮它翻身，因此，静止不动，装死一两分钟之后，它便在原地仰卧着拼命踢蹬、挣扎。

鞘翅目昆虫的腿短，迈不了大步，逃命时速度不快，因此，它应该比其他昆虫更加需要以装死来欺骗敌人，但实际上并非如此。我逐一地观察研究了叶甲虫、高背甲虫、食尸虫、克雷昂甲虫、碗背甲虫、金匠花金龟、重步甲虫、瓢虫等一系列昆虫，它们全都是静止几分钟，甚至几秒钟，便立即恢复了活力。还有不少种类的昆虫，根本就不采取装死这一招。总之，没有任何的昆虫指南可以让我们事先就能断定，某种昆虫喜欢装死，某种昆虫不太愿意装死，某种昆虫干脆就拒绝装死。如果不经过实验就先下断言，那纯粹是一种主观臆断。

小闯条纹蝶

是的，我将得到它。我甚至已经得到它了。一个七岁的男童，脸上透着灵气，但并不每天洗脸。他光着脚，短裤破烂，用一条带子系着，他每天都给我家送萝卜和西红柿。一天早晨，他提着蔬菜篮子来了，收下了我给的蔬菜钱，放在手心里一枚一枚地数着那几枚他母亲期盼的苏[①]，然后从口袋里掏了一个东西，是他头天沿着一个藩（fān）篱捡拾兔草时发现的。

“还有这个。”他把那东西递给我说，“这个您要不？”“要呀，我当然要。你想法子再给我找一些，你找到多少我要多少，而且我答应你每个星期天带你去玩旋转木马。喏，我的朋友，这是两个苏，给你的。把这两个苏单放，别同萝卜钱混在一起，免得向你妈报账时报不清楚。”我的这位头发乱蓬蓬的小家伙看到这么多钱简直开心极了，隐约感到自己要发大财了。

---

① 苏：原法国辅助货币。现已不用。

他走了之后，我仔细地观察着那个东西。这东西值得花气力去寻找。那是一个漂亮的茧，呈圆盾形，使人很容易联想到蚕房里的蚕茧，它很坚硬，呈浅黄褐色。从书本上的一些简单介绍来看，我几乎肯定这是一只橡树蛾的茧。如果真的是的话，那真是老天所赐！我就可以继续我的研究，也许还可能让我补足研究大孔雀蝶时隐约瞥（piē）见的材料。

橡树蛾确实是一种传统的蝶蛾，没有一本昆虫学论著不谈及它在婚恋期间的突出表现。据说有一只雌性橡树蛾被困在一个房间里，甚至还刚刚在一个盒子底部孵卵。它远离乡野，困于一座大城市的喧闹之中。但是，孵卵之事还是传给了树林里和草坪间的相关者。雄性橡树蛾们在一个不可思议的指南针的引导之下，从遥远的田野间飞来，飞到盒子跟前，谛听，盘旋，再盘旋。

这些奇情趣事我是从书本中了解到的，但是看到，亲眼看到，同时还再稍做一番实验，那完全是另一回事。我花了两个苏买的那东西里面有什么呢？会从中飞出来那个著名的橡树蛾吗？

它还有另一个名字：布带小修士。这个新颖别致的名字是由其雄性的外衣导致的，那是一件棕红色修士长袍，但它不是棕色粗呢，而是柔软的天鹅绒，前面的翅膀横有一条泛白的、像眼珠似的小白点。

这里所说的布带小修士，也就是小阔条纹蝶，不是那种在合适的时候，我们心血来潮，带上个网子出去一捉就能捉到的平淡无奇的蝴蝶。在我们村子周围，特别是在我的荒石园中，我住了二十来年，还从来没有见到过它。确实，我不是狩猎迷，标本上的死昆虫我并不太感兴趣，我要的是活物，要能表现其天赋才能的。不过，我虽无收集者的那种热情，但我对田野里生机盎然的一切都十分关注。一只身材和服饰如此与众不同的蝴蝶要是被我遇上，我肯定会捉住它的。

我许诺带他去骑旋转木马的那个小家伙再也没能捉到第二只。三年里，我拜托朋友和邻居帮我找，特别是求那些年轻人，他们是荆棘丛林中眼明手快的搜索者。我自己也在枯叶堆中翻来找去，查看一堆堆的石块，掏摸一个个的树洞。但都一无所获，稀罕的蝶茧仍未能找到。这足以说明在我住处周围小阔条纹蝶十分罕见。到时候我们将会看到这一点是多么重要。

我猜得没错，我的那只唯一的茧正是那种著名的蝴蝶。八月二十日，一只雌蝶从茧中出来，胖嘟嘟的，肚子大大的，衣着与雄蝶一样，但是其长袍是米黄色的，更加淡雅。我把它放在我工作室中间的一张大桌子上，用金属钟形网罩罩住。大桌子上放满了书籍、短颈大口瓶、陶罐、盒子、试管以及其他一些器械。大家知道这个环境，就是我为大孔雀蝶准备的那个处所。有两扇窗户朝向花园，阳光照进屋里。一扇窗户是关着的，另一扇则白天黑夜全都敞开着。小阔条纹蝶就待在这两扇窗户中间那四五米间隔之处的半明半暗之中。

当天余下的时间以及第二天过去了，没有什么值得一提的事情发生。小阔条纹蝶用前爪抓住金属网纱，吊挂在朝阳的那一边，一动不动，像死了似的，翅膀未见颤动，触角也没有抖动，同大孔雀蝶的情况一样。

雌性小阔条纹蝶发育成熟了，细皮嫩肉在变结实。它不知运用哪一种方法在制作一种无法抗御的诱饵（ěr），把一些拜访者从四面八方吸引过来。它那胖嘟嘟的身体里出现什么状况了？里面发生了什么变化把周围闹得个天翻地覆？如果我们能了解它那炼丹术的秘诀，那我们将会增加很多的知识。

第三天，新娘子已经准备好了。这里像过节似的热闹起来了。我当时正在花园里，因为事情拖得太久，对成功已经感到绝望，突然，下午三点钟光景，天气很热，阳光灿烂，我隐约看见一群蝴蝶在开着的那扇窗框间飞来飞去。

它们是一些来向美人儿献媚取宠的情郎。有一些从房间里飞出去，另一些则飞进去，还有一些落在墙上休息，好像因长途跋涉而疲惫不堪了。我隐约看见一些从远处飞来，飞进高墙，飞过高高的柏树冠。它们从四面八方飞来，但数量越来越少。我未能看到婚庆开始的情况，现在客人们差不多都已到齐了。

我们上楼去看看吧。这一次是在大白天，任何细节都没漏掉，我又见到了那只夜巡大孔雀蝶，它让我头一回见到令人惊讶不已的情景。在我的工作室里，一大片的雄性小阔条纹蝶在翻飞，转来绕去，我尽量以目测估算，有六十来只。在围着钟形罩绕了几圈之后，有一些便向敞开的窗户飞去，但随即又飞了回来，又开始围着钟形罩转悠开来。最猴急的则停在钟形罩上，用爪子相互抓挠、推搡（sǎng），竞相取代别人，抢占最佳位置。钟形罩里面的女俘大肚子垂着贴在网纱上，声色不动地等待着，在这群纷乱的雄蝶面前，没有一丝激动的表情。

雄性小阔条纹蝶无论是飞走的还是飞来的，无论是坚守在钟形罩上的还是在室内飞舞的，在三个多小时的过程中，一直在疯狂地舞动着。但是日已西下，气温有点儿下降，雄蝶们的激情也随着降温。有许多飞走了，没再飞回来。另外一些占好位置以利明日再战，它们紧贴在那扇关着的窗户的窗棂（líng）上，如同雄性大孔雀蝶一样。今天的节庆活动到此结束。明天肯定还将继续，因为受网纱阻隔，活动尚未有任何结果。

可是不然！令我大为沮丧的是活动并未再继续，这都是我的错。晚上，有人给我送来一只螳螂，个头儿特别小，所以我非常喜欢。由于老是想着下午的种种情况，我便不经意地匆忙把这只食肉昆虫放进了那只雌性小阔条纹蝶的钟形罩里了。我压根儿就没想到这两种昆虫共居一室是会产生恶果的。那只螳螂一副小样儿，而那只雌性小阔条纹蝶却是那么胖嘟嘟的！所以我一点儿也没起疑心。

唉！我对带铁钳的食肉昆虫的凶残性认识不足！第二天，当发现那只小螳螂正在啃咬那只胖蝴蝶时，我惊呆了。后者的脑袋和前胸已经没有了。可怕的昆虫！你让我度过了多么惨痛的时刻啊！再见了，我整夜冥（míng）思苦想的研究工作。三年中，我因无研究对象而无法继续我的研究。

但愿这倒霉事别让我们忘掉刚了解到的那一点点情况。仅一次聚会，就有将近六十只雄性小阔条纹蝶飞来。如果我们考虑到这种蝴蝶的稀少，如果我们记起我和我的助手们那整整数年连续无果的研究，那这个数目将让我们惊讶不已了。找不到的那种蝴蝶在一只雌蝶的引诱下，一下子来了这么多。那么它们是从哪里飞来的呢？毫无疑问，是从老远的地方，是从四面八方。我很久以来一直在住处附近寻来找去，一丛丛荆棘，一堆堆石块，我都翻了个遍，所以我可以肯定我们周围没有橡树蛾。为了在我的工作室里聚集一大群这种蝶蛾，我曾寻遍郊外各地，也不知找了多少地方。

三年过去了，我日思夜求的运气终于给我送来两只小阔条纹蝶茧。八月中旬前后，这两只茧相隔几天为我孵出一只雌蝶来，这使我得以丰富并重复我的实验。

我很快便又重新进行大孔雀蝶已经给了我非常肯定答复的种种实验。白昼的朝圣者也很灵巧，并不比夜间朝圣者差。它挫败了我所有的计谋。它准确地飞向被金属网罩罩着的那个女俘，无论网罩置放在什么地方；它能够在壁橱暗处发现女俘；它能够在一个盒子的最里面找到女俘，只要这个盒子不要盖得太严。如果盒子关得严丝合缝，它得不到信息，它也就不再来了。在此之前，它一再重复的是大孔雀蝶的英勇行为，别无其他。

一个盖得严严实实的盒子，空气无法流通，雄性小阔条纹蝶也就完全无法知晓女俘的情况。即使把这盒子放在窗台上十分显眼的地方，也没有一只雄性飞来。因此，这又立即使我想起了无论是金属的、木质的、硬纸板的还是玻璃质的隔墙，都传导不了有气味的散发物。

我对夜巡大孔雀蝶就此做过实验，它没被樟脑味蒙骗。在我看来，樟脑气味大极了，人的嗅觉很难感觉得到被它压住的细微气味。我用小阔条纹蝶重新进行了这种实验。这一回我把我所存有的汽油和有气味的物品统统用上了。

一打的碟子放好了，一部分放在囚禁女俘的金属钟形网罩里，另一部分放在网罩四周，围成一圈。有几只装着樟脑，有几只装着宽叶薰衣草香精，有几只装着汽油，还有几只装着臭鸡蛋味的硫化物。不能再多放了，否则女俘会窒（zhì）息身亡的。这些小碟子早晨便放好了，以便聚会开始时屋子里已经弥漫着这种种气味。

下午，工作室变成了恶心的配药室，一股浓烈的薰衣草香气加上硫化物恶臭的混合气味。而且别忘了我还在这间屋里大量地熏烟。煤气厂、烟馆、香料厂、炼油厂、臭气熏天的化工厂全都集中在这间屋子里了，这样能否使小阔条纹蝶迷失方向呢?

根本就没有。三点钟光景，雄性小阔条纹蝶像通常一样纷纷飞来。它们都往钟形罩那儿飞。其实我事先已经用一块厚布把罩蒙上了，以便增大难度。它们一飞进屋内，便被一种混杂着各种气味的浓烈氛围包围住了，但它们仍旧是朝着女俘的囚室飞去，想从厚布的褶（zhě）皱下面钻进去与女俘相会。我的计谋未能奏效。

这次实验完全失败了，重复了大孔雀蝶实验的结果。这次失败之后，我理所当然地要放弃有气味的散发物在指引小阔条纹蝶参加婚庆的观点。但我之所以没有放弃，应该归功于一次偶然的观察。意外和偶然有时会给我们带来惊喜，把我们引向此前一直在毫无结果地寻觅真理的道路。

一天下午，我想弄清楚蝴蝶一旦飞进屋里，视觉在寻找目的物中是否还起点儿作用，便把那只雌性小阔条纹蝶放在一只钟形玻璃罩中，还给它弄点儿带枯叶的橡树小枝让它停靠。玻璃罩就放在桌子中间，冲着敞开的那扇窗户。雄蝶飞进屋里一定会看见女俘的，因为后者就在它们必经之路上。那个金属纱网钟形罩下放了一层沙土的陶罐，雌蝶在其上待了一夜和一个早上。我觉得很碍事，未加任何考虑便把它放到屋子另一头的地板上，那个角落只能透进半明半暗的光线，离窗户有十来步远。

接下来发生的事把我的思绪搅成一团。飞进来的到访者中没有一位在玻璃罩那儿停下来，而玻璃罩就在明亮的阳光下面，女俘显眼地居于其中。它们全都没朝雌蝶看一眼，没有探询一下。它们全都飞向房间另一头我放着陶罐钟形罩的那个暗黑的角落。

它们落在金属纱网罩的圆顶上，久久地探寻，扑扇着翅膀，还稍稍在相互争斗。整个下午，直到日影西斜，它们都围着空空的圆顶飞舞，以为雌蝶就身陷其中。最后，它们飞走了，但没有全飞走。有几个执着者不想走，死死地钉在那儿，像是被施了定身法似的。

这真是个奇怪的结果：我的这些蝴蝶飞到那人去楼空之地，长留不去，尽管眼见罩中无人，仍死不甘心。从雌蝶所在的那只玻璃钟形罩旁飞过时，来来去去的这群雄蝶中，不可能一个也没看出有雌蝶的，但它们就是没有在此哪怕稍事停留。它们被一个诱饵给弄得神魂颠倒，竟置真实物于不顾了。

它们是被何物所欺骗的呢？第一天整个夜晚和第二天的整个上午，雌蝶都是待在金属纱网钟形罩里的，它忽而吊在纱网上，忽而在陶罐的沙土层上歇息。它碰过的东西，特别是它那大肚子蹭（cèng）过的东西，长时间接触之后，浸透了一些散发物的气味。那就是它的诱饵，就是它的激越情欲的药物，那就是引得雄蝶神魂颠倒、纷至沓来的尤物。沙土层把这尤物保存一段时间，并向四周扩散出去。

因此，是嗅觉在引导雄蝶们，在远处向它们发出信息。它们为嗅觉所控制，不去考虑视觉所提供的信息，所以途经美人儿正被关押的玻璃囚室时，一飞而过，直奔散发着神奇气味的纱网、沙土层，直奔女魔法师除了气味以外什么也没留下的那座空房。

那无法抗拒的尤物需要一定的时间才能配制好。我想它像一种挥发性气体，一点点地散发出去，让一动不动的大肚雌蝶沾过的东西浸满这种气体。即使玻璃钟形罩放在桌子正中间，或者更好一些，放在一块玻璃上，内外都无法很好地沟通。而且，雄蝶因为凭嗅觉什么也感觉不到，它们就不会前来，无论你试验多久都无济于事。可我眼下不能以这种内外无法沟通作为理由，因为即使我搞出一个好的沟通环境，用三个小垫子把钟形罩抬离支座，雄蝶们也不会一下子飞来，尽管屋子里蝴蝶为数不少。但是，等上半个小时左右，盛有雌蝶尤物的蒸馏（liú）器就开始启动了，求欢者们立即就会像通常那样纷纷而来。

掌握了这些出乎意料的驱云拨雾的材料，我就可以进行不同的实验，这些实验在同一个方面全都是具有结论性的。早晨，我把雌蝶放在一个钟形金属网罩里。它的栖息处是同先前一样的一根橡树细枝。雌蝶在里面一动不动，像死了似的。它在细枝上待了许久，藏在大概浸润着其散发物的叶丛中。当探视时间临近时，我把浸足了散发物的细枝抽出来，放在离敞开的那扇窗户不远处。另外，我让钟形罩中的雌蝶待在房间中央的桌子上显眼的地方。

雄蝶纷纷来到，先是一只，然后是两只、三只，很快就是五只、六只。它们进来，出去，又回来，飞上飞下，飞来飞去，始终是在那扇窗户附近，那根细橡树枝放在椅子上，离窗户不远。谁也没往那张大桌子飞，而雌蝶就在那儿的金属网罩中等候它们，离它们并没有多远。它们在迟疑，这可以清楚地看出来：它们在寻找。

最后，它们终于找到了。那它们找到什么了？找到的正是那根细枝，那根早晨曾是胖雌蝶粉床的细枝。它们急速扑扇着翅膀；它们飞落在叶丛上；它们忽上忽下地搜寻、抬起、移动树叶，以致最后那根很轻的细枝被弄掉到地上去了。它们仍在地上的细枝叶丛中搜索。在翅膀和细爪的扑打抓挠下，细枝在地上移动着，仿佛被一只小猫用爪子抓扑的破纸团。

当细枝连同那群搜索者移动到远处时，突然新飞来两只小阔条纹蝶。那把刚才放有细枝叶的椅子就在它俩飞经的途中。它俩在椅子上落下，急切地在刚才放过细枝的地方嗅个没完。然而，对于先来者和新到者来说，它们热盼的那个真实目标就在那儿，很近，被一只我忘了遮盖起来的金属网罩罩着。它们谁也没有注意到它。它们在地上继续推挤雌蝶早上睡过的那个小床；它们在椅子上继续嗅那张粉床曾经放过的地方。日影西斜，撤退的时刻到了。再说，撩拨的气味也在渐渐地淡去，消散。拜访者们没什么可做的了，只好飞走，明日再来。

我从随后的实验中得知，任何材料，不管是哪一种，都可以代替我那偶然的启示者——带叶的细枝。我稍许提前一点儿把雌蝶放在一张小床上，上面时而铺垫着呢绒或法兰绒，时而放些棉絮或纸张。我甚至还强迫雌蝶睡木质的、玻璃的、大理石的、金属的硬硬的行军床。所有这些东西在雌蝶接触了一段时间之后，都像雌蝶本身似的对雄蝶们有着同样的吸引力。它们全都具有这种吸引雄蝶的特性，只不过是有的强些，有的弱些。最好的是棉絮、法兰绒、尘土、沙子，总之是那些多孔隙的东西。而金属、大理石、玻璃很快便失去它们的功效。总而言之，但凡雌蝶接触过的东西，都能把其吸引力的特性传出去。因此，橡树细枝掉到地上之后，雄蝶们仍旧纷纷飞到那把椅子的坐垫上。

我们来选用一张最好的床，比如法兰绒床，我们将会看到新奇的事。我在一根长试管或小阔条纹蝶正好可以飞进去的一只短颈大口瓶里放一块法兰绒，让雌蝶整个上午都待在上面。来访者们钻入器皿中，在里面拼命扑腾，但却怎么也飞不出来了。我给它们布置了个陷阱，可以让它们有多少死多少。我们把那些落难者放走吧，把藏于盖得严严实实的盒子的最秘密处的那块床垫抽出来。晕头转向的雄蝶们又回到那支长试管里，又钻进了陷阱之中。它们是受到浸透尤物的法兰绒传给玻璃的那种气味的引诱。

我因此便坚信了自己的想法。为了邀请周围的众蝶飞赴婚宴，为了老远地通知它们并引导它们，婚嫁娘散发出一种我们人的嗅觉感觉不出来的极其细微的香味。我的家人们，包括孩子们那最灵敏的鼻子，凑近那只雌性小阔条纹蝶，也没有闻出一丝一毫的气味来。

雌性小阔条纹蝶停留过一段时间的任何东西都很容易浸润这种尤物，因而这些东西自此也就如雌性小阔条纹蝶一样，成为具有同样功效的吸引力的中心，只要它的散发物不消失掉。

没有任何可以用眼看出的诱饵。雄蝶们心急火燎（liǎo）地围着刚刚弄好的纸床纷飞，在这床上，没有任何看得出的痕迹，也没有一点儿浸润的样子，其表面在浸润了尤物之后与没有浸润之前一样地干净整洁。

这种尤物配制得很慢，需一点儿一点儿地积聚，然后才能充分地散发出去。雌蝶被从其粉床弄走，移到别处，暂时失去了诱惑力，变得冷漠起来；雄蝶们飞往的是经长时间浸润之后的雌蝶栖息地。然而，御座重新放好，被抛弃的女皇又重新掌权了。

信息流通的出现时间有早有晚，根据昆虫品种而定。刚孵出的那只雌性小阔条纹蝶需要一段时间才能发育成熟，才能安排自己的蒸馏器似的器官。雌性大孔雀蝶早晨孵出，有时候当晚便有探访者飞来，但更经常的是第二天，经过四十来个小时的准备之后才有求欢者。雌性小阔条纹蝶则把自己召唤异性的活动推得更迟，它的征婚广告要等两三天之后才发布。

让我们稍稍回过头来看看其触角的蹊（qī）跷功用。雄性小阔条纹蝶与其婚恋方面的竞争对手一样有着漂亮的触角。把其层叠状的触角视作导向罗盘是否合适？我并无太大把握地对它们进行了我以前做过的那种截肢手术。被动过手术的雄性小阔条纹蝶没有一只再飞回来过。但也别忙于下结论。我们从大孔雀蝶那儿已经知道，它们一去不复返有着比截肢的结果更加重要的原因。

另外，第二种小阔条纹蝶——苜（mù）蓿（xu）蛾蝶这种与第一种小阔条纹蝶很相近的蝴蝶，也有着华美的羽饰，它也给我们出了一道难题。在我家附近常常见到它们，就在我的那座荒石园里我都发现过它的茧，极容易与橡树蛾的茧搞混。我一开始就曾把它们搞混过。我原指望从六只茧中得到小阔条纹蝶，但将近八月末时，我得到的却是六只另一品种的雌蝶。这下可好，在我家孵出的这六只雌蝶周围，从未见过有一只雄蝶出现，尽管附近无疑就有雄性小阔条纹蝶出没。

如果宽大而多羽的触角真的是远距离信息传输工具的话，那为什么我的那些有着华美触角的邻居却未获知在我工作室中发生的情况呢？为什么它们的美丽羽毛装饰并未让它们对一些事情发生兴趣呢？而所发生的这些事情本会让另一种小阔条纹蝶纷纷飞来的呀？这再一次说明器官并不决定才能。尽管有着相同的器官，但某种才能或许一种昆虫会有，而另一种却并没有。

昆虫的“自杀”

人们不会去模仿自己根本就不认识的人，也不会假扮成自己所不了解的人，这一点是显而易见的。所以说，要想装死，就必须对死亡多少有点儿了解。

昆虫，或者更确切地说，动物，它们对有限的生命会有预感吗？它们会在自己那极其简单的脑子里思考生命终止这一可怕的问题吗？这种对生命的最后时刻所感到的惊恐不安，既是人所感到的最大痛苦，也是人之所以伟大的一个证明。命运卑微的动物就不存在这种不安。它们与意识模糊的小孩子一样，只享受现在，不考虑未来。它们摆脱了“人生苦短”的忧虑，生活在一种蒙昧无知的甜美的宁静之中。

少年时期、中学时代，我也是个淘气包。放学之后，在回家的路上，我常常与几个同学到河边去摸那种很小的花鳅（qiū）。鱼儿被我们抓到之后，拼命地挣扎，没有装死的样子。我们也常去抓鸟儿，鸟儿被抓到之后，吓得浑身哆嗦，但也没见它装死。可有一次，我看到火鸡（我们附近养火鸡的人家很多），我便突发奇想：我要折腾折腾火鸡。圣诞将至，它将成为大家节日的盘中餐了。我便把家中的一只火鸡的脑袋别在它的翅膀下面，一边用手摁住它，不让它动弹，一边从上往下慢慢地摇晃它两三分钟。奇怪的结果出现了，我的实验对象变成了一堆没有了生气的东西，它侧着身子倒在地上，任由我摆弄它。如果它那时而膨胀起来、时而瘪了下去的羽毛没有显示出它仍然在呼吸的话，我还真的以为它已经死了。它确实像只死鸟儿。它把自己那变得凉冰冰、足趾蜷缩起来的爪子缩到肚腹下面，让人看着十分可怜。圣诞节、平安夜，尚有几天才到，它就这么死了，那可就太早了点儿。但是，我白担心了。它醒了，站立起来，只是身子有点儿摇晃，站立不稳，而且尾巴耷拉着，没精打采的样子。但这种状况并未持续多久。不一会儿，它又恢复了常态，欢蹦乱跳起来。

这种迷迷糊糊、昏昏沉沉、麻木迟钝的状态介于熟睡与死亡之间，持续的时间有长有短。我又多次用火鸡做过实验，每一次都出现这种适当间隔的静止状态，有时持续半小时，有时则只持续几分钟工夫。同昆虫一样，想要弄清楚原因，并非易事。后来，我又用珠鸡做了相同的实验，做得非常成功。它那昏昏沉沉、迷迷糊糊、麻木迟钝的状态持续了很长时间，以致我当时都有点儿忐忑不安了。它的羽毛不像火鸡那样，没有起伏，无一点儿生命迹象，我真的以为它已经给憋死了。我用脚轻轻地把它挪动了一下，但它却一点儿反应也没有。我又把它挪动了一下，只见它把脑袋从翅膀底下扭出来，站立住，平衡了一下身体，立刻便飞跳着逃走了。它那麻木状态维持了半个钟头。

我后来又对母鸡、鸭子、鸽子、雏（chú）鸟、翠鸟进行了实验。母鸡、鸭子、鸽子的麻木状态保持得较短，只有两分钟左右，而雏鸟和翠鸟则更加顽固，半睡半醒状态只有几秒钟。

我们还是关注我们的昆虫吧。昆虫从静止不动状态恢复到活动状态，呈现出十分值得注意的特点。我们曾用乙醚对实验对象进行过实验，它们确实是被催眠了，一动不动。它们并不是在耍花招，这一点是毫无疑问的。它们真的是处于死亡的边缘。如果我不及时地把它们从散发着乙醚气味的大口瓶里弄出来，那它们永远不会从麻木状态中苏醒过来，最后，必死无疑。

它们身上究竟是什么在预示生命的恢复呢？那就是：它们脚上的跗节在微微颤动；触角在摇晃摆动。这就像是人一样，从酣（hān）睡中醒转来时，伸伸胳膊腿儿，打打哈欠，揉揉眼睛。昆虫也是先摇动自己的那些细小的趾肢节和最活动的器官，以示其知觉的恢复。

如果昆虫真的是在耍花招、施诡计的话，它又有什么必要去做这些细致的苏醒准备动作呢？危险一旦消除，或者被认为已经消除，它为什么不迅速站立起来，尽快逃脱，何必慢慢腾腾地做那些很不合适的假动作呢？它难道会狡猾到在最小的细节上也要假装复活不成！绝对不是这么一回事。这种看法是毫无道理的。脚上跗节的颤动，触角的晃动，都明显地说明存在着一种真正的、即将消失的昏沉迷糊的状态，这种状态与乙醚麻醉所造成的后果相似，只是程度较轻而已。脚上跗节的颤动表明，被我折腾得动弹不了的实验对象，并不是民间传说或流行的理论所坚持的那样，说昆虫是在装死。它确确实实是被施行了催眠术。

经敲击物体引起的震动的影响，或者突然间遭受惊吓，昆虫便陷入一种迷迷糊糊、昏昏沉沉的麻木状态。这种状态就像是鸟儿把头埋在翅膀下面，原地晃晃悠悠地站立一会儿一样。对于我们人来说，突然看见恐怖的事情，我们会被惊呆，茫然不知所措，有时甚至因此而丧命。作为高等动物的人尚且如此，那么，反应极其敏锐的昆虫，其生理机能在遇到可怕事物的震慑（shè）惊吓时，它怎能承受得住，怎能不暂时就范呢？如果惊恐程度不太严重，昆虫在片刻的痉（jìng）挛（luán）之后，很快就会恢复常态，惊恐症状也就随之得以缓解；如果惊恐程度很严重，它就会突然进入催眠状态，好长时间僵直不动。

昆虫根本就不知道死亡是怎么回事，它又怎么会装死呢？当然是不可能的。昆虫同样也不知道自杀是怎么回事，根本不知道自杀是用来立刻终止极其痛苦的状况的一种手段。据我所知，我还没见到过有什么动物自动剥夺自己生命的名副其实的自杀实例。感情色彩较浓的昆虫，有时会任凭苦恼折磨自己，直至神形憔悴，这件事情倒是有的，但是，用匕首刺死自己、用小刀割断自己的喉咙等这种事，却从未见到过。

说到这儿，我倒是想起了蝎子自杀的事来。对于蝎子是否会自杀，众说纷纭，有人认为确有其事，有人则持否定态度。有人说，蝎子被一圈火围住之后，用带毒的螫（shì）针扎自己，直到自杀成功为止。这故事究竟有多少真实的成分？我们亲自来做个实验看看。

我所住的环境为我提供了便利的条件。我在几只大泥瓦罐里铺上一层沙土，再放上几片碎瓦片，养着一群怪模怪样的昆虫。我一直在企盼着它们向我提供一些有关昆虫习性方面的事实，但它们却不肯满足我的愿望。我养的是南方的那种大白蝎，一共有十二对。附近小山上阳光充足的沙质土地带，有许多扁平的石条；每块石条下面都居住着一只蝎子，孤零零的，但这个可憎可恶的丑陋家伙却无处不在，多得不得了。这种大白蝎子恶名在外。

它的毒针到底有多厉害，我未亲身经历，所以也说不清楚。可是，我书房里就关着这群可怕的囚徒，总得与它们接触。需要去查看它们时，必然会有危险，所以我加倍小心，注意避开它们的锋芒。既然我自己没有亲自尝到过它们的厉害，我便只好向别人求教。我让曾经被蝎子蜇（zhē）过的人谈谈他们被蜇的体验。这些人主要是打柴的樵（qiáo）夫，他们长年在山上砍柴，难免会一不注意就被蝎子蜇上一下的。其中有一位曾经告诉我说：

“我吃完了午饭，靠在柴捆上打了个盹（dǔn）儿。突然间，一阵钻心剧痛把我给疼醒了。那滋味就好像是被烧红了的钢针扎了一下似的。我赶紧伸手去摸，一把摁住了一个乱爬乱动的家伙。是只蝎子！它钻进了我的裤腿里，在我小腿肚子下边一点儿蜇了我一下。这只丑陋不堪的小怪物，足有人手指头那么长。喏，这么长，先生，这么长。”

这位老实忠厚的樵夫边说边比画着，还把自己那根长长的食指伸出来。手指长的蝎子我并不觉得有什么可惊奇的，因为我在野外捕捉昆虫时，时不时地也要碰到蝎子，比手指长的有的是。

“我还想继续干活儿，”那位忠厚的樵夫继续对我说道，

“可我浑身直冒冷汗，眼瞅着那条腿渐渐地肿胀起来，肿得有这么粗，先生，这么粗。”

他比画着肿胀的腿。然后，又张开双手，空掐在小腿周围，比画成有一只小水桶那么粗的圈圈来。

“真的，有这么粗，先生，这么粗。我一步三挪，使出吃奶的劲儿，忍着剧痛，才回到家里，其实也只有四分之一里那么点儿路而已。小腿越肿越厉害，还在往上肿。第二天，已经肿到这么老高的地方了。”

他用手指了指，告诉我已经肿到小腿窝儿那儿了。

“真的，先生，整整三天，我下不了床，站不起来。我咬着牙关，拼命忍着，把肿腿跷到一把椅子上。敷了好几次碱末，总算把肿给消了下去，喏，才恢复到现在这个样子。先生，您看。”

说完自己被蜇的经历之后，他也跟我讲述了另一个樵夫的故事。那人也被蝎子蜇了小腿下部。那个樵夫走出老远去砍柴，被蜇了之后，没有力气走回家去，便倒在了路边。后来，被几个过路人发现了，抱头的抱头，抱腰的抱腰，抱腿的抱腿，总算把他送到了家里。“他们就像在抬死尸一样，先生。真的，就像抬死尸一样！”

这位讲述者带着乡下人的风格在叙述着，说话时比画个没完，但我却并不觉得他夸张。人要是被蝎子蜇了，那疼痛确实是难以描述的。而蝎子要是被自己的同类蜇了一下，那它很快就支持不住了。对此，我有很大的发言权，因为我亲自做过多次的观察研究。

我从我的“动物园”里取出两只强壮的大蝎子，把它俩同时放进一个大口瓶的沙土底儿上。然后，我拿起一根稻草梗（gěng）儿，去撩拨它们，激怒它们，并让它们往后倒退，最后，相互遭遇上。这两个受到骚扰的大家伙，本来就怒火中烧，仇人相见，分外眼红。这怒火是我给挑起来的，但看上去，它俩都把这挑衅（xìn）的罪责算到了对方的头上。双方都把自己的防御武器——钳子举起，呈月牙儿形；钳口大张，顶着对方，不让对方靠近自己；两条蝎子尾巴你一下我一下地突然伸出，从背部上方向前刺去；毒囊不断地顶撞在一起，一小滴如清水般的毒汁挂在螯针的硬尖上。

格斗进行的时间并不长。其中的一个被另一个毒针刺中，只见它没过两三分钟便站立不住，摇摇晃晃，倒在了地上。得胜者毫不客气，走上前去，平静如常地开始撕咬战败者的头胸前端，也就是撕咬我们想找到蝎子头却看到的只是个肚腹前口的地方。它一口一口慢慢地撕咬，时间拖得很长。一连四五天，战胜者一直没有停止过啃噬（shì）自己的同类。它要把战败者吃掉，其理由有一点是可以予以谅解的：这个行为对战胜者来说是正大光明的。

我从观察中掌握了真实的情况：蝎子的毒螯针能够使自己的同类即刻毙命。现在，我想谈一谈蝎子的自杀问题，也就是有人说过的那种自杀法。如果按人们所说，蝎子被一圈火炭围住，它便会用螯针蜇自己，最后，以自愿死亡来结束这失常的状态。如果真是这样的话，那么，对这种野性十足的昆虫来说，应该是一件很理想的事。现在，还是让我们来看一看吧。

我用烧红的木炭围成一个圆圈，把我养着的那只个头儿最大的蝎子置于圈中。风助火势，木炭越烧越旺。热浪滚滚，向圈中的蝎子袭去，灼热难耐，只见它一个劲儿地倒退着在火圈内打转。稍不注意，身体便被火苗灼了一下，它便左闪右躲，突然加快倒退，不顾方位地瞎冲瞎奔，免不了身体又不时地遭到火灼。它每次想逃出重围，都被狠狠地烧一下。它变得狂躁不安。往前冲，被烧一下，往后退，又挨火灼一下，它进也不是退也不是，既绝望又愤怒。只见它怒气冲冲地挥舞着自己的长枪，再反卷成钩子，然后伸直，平放于地，接着便把长枪举起。它的动作迅疾而又章法不乱，简直让我眼花缭乱，惊叹不已。

现在，它该给自己一枪了，以便摆脱这进退维谷的境地。谁知道，它竟突然一阵抽搐（chù），然后便一动不动了，身体直直地平躺在地上。等了一会儿，仍不见它有所动作，像是完全僵直了。它真的死了？也许在它那让人眼花缭乱的狂舞中，它的螯针刺中了自己，而我却没有看到。如果它真的是用自己的螯针刺中自己的身体，以自杀术得以解脱，那它肯定是死了。

但是，我心中总是存有疑惑。于是，我便用镊子把看上去已经死了的蝎子夹起来，放在一层清凉的沙子上面。一小时之后，这个看上去已无生命迹象的蝎子却突然复活了，与放进火圈之前一样地活泛，虎虎有生气。我又用第二只、第三只蝎子做了同样的实验。结果同第一只蝎子的情况完全一样：因绝望而发狂，突然间一动不动，像遭雷击似的瘫软地平躺在地上；放到清凉的沙子上时，又都突然地生机勃发了。

由此可以断定，说蝎子会自杀的人，一定是被它那突然失去生命力的假象给蒙骗了；他们看见蝎子身陷火墙的高温之中，于绝望之中变得疯狂至极，浑身抽搐，猝（cù）然倒地，便以为它经过垂死挣扎，终于自杀身亡了。他们过早地得出一个错误的结论，以致让蝎子在火墙中活活地给烤焦了。如果他们不是那么轻信表面现象，早点儿把蝎子从火墙内取出，置于清凉的沙子上，那他们大概早就会发现，表面上看似死去了的蝎子会恢复生命活力，就会得出结论说，蝎子根本就不知道什么叫自杀。

可以说，除了高等动物——人以外，任何具有生命的生物都不具有自愿结束生命的这种视死如归的精神力量。我们人，自以为具有很大的勇气和魄力从生活的苦难中自行解脱，把这种解脱视为人的崇高特质，视为一种可以进入沉思境界的优势，好像这是人优于其他动物的一种标志。然而，我们一旦真的把这种精神付诸行动，实际上则是一种懦弱的表现。

谁若是想走上自杀这条道的话，最好想一想中国一位伟大的哲人——孔子在两千五百年前所说的话。这位中国哲人有一天在树林中遇到一个陌生男子，见他正往树杈上扔绳子做套，准备上吊，他便赶紧向那陌生人说了句话。伟大的哲人说："哀莫大于心死。哀皆可补，唯心死不能。勿以万事于子皆无可救。试以历多世而无争之理自服。此理为：活则无绝望之事。人能自至哀达至乐，自至难达至福。子其鼓勇若自今日起和生之所值。子其善用寸阴。"[①]

这种中国式的哲思深入浅出，浅显易懂，但其寓意却十分深邃（suì）。它让人想起一位寓言家的另一种哲学。寓言家写道：

若我被人致伤致残，
缺腿断臂，患痛风，
只要我仍活着，
我便心满意足矣。

的确，中国的伟大哲人和这位寓言家说得都很有道理。生命是一种严肃的东西，不能因遇到点儿艰难困苦就心烦意乱，轻易就把生命抛弃。我们不应把生命视为一种享乐、一种磨难，而是应该把它视为一种义务，一种只要一息尚存都必须全力以赴地去尽的

① 编者注：经查孔子并无以上言论，疑作者引文有误。

义务。

让生命的最后一刻提前到来者，就是懦夫，就是蠢货。我们有权凭着自己的意愿决定坠入死亡深渊的方式，但这并不意味着我们有权轻生遁世。相反，这种自由意志的权利恰恰向我们提供了动物毫无所知的向前看的本领。

只有我们才知晓生命的欢乐会怎样结束；只有我们才能预见自己末日的到来；只有我们才对死者表示缅怀，怀有崇敬之情。凡此种种，都是一些重大的事情，这是其他动物所想不到的。当伪劣的科学在高谈阔论，在拼命让我们相信一只可怜的昆虫会耍花招装死的时候，我们要求这种科学应更贴近事物去进行观察研究，切莫把昆虫因恐惧而引发的昏厥状态，误以为它能装出自己根本并不知晓的状态。

只有我们人才能够清醒地认识到一种结局，只有我们人才具有想见到人世彼岸的卓越本能。地位卑微的昆虫们也在发表着自己的意见：“你们应有信心。本能是从来不会违背自己的诺言的。”

蝉出地洞

将近夏至时分，第一批蝉出现了。在人来人往、被太阳暴晒、被踩踏瓷实的一条条小路上，张开着一些能伸进大拇指、与地面持平的圆孔洞。这就是蝉的幼虫从地下深处爬回地面来变成蝉的出洞口。除了耕耘过的田地以外，几乎到处可见一些这样的洞。这些洞通常都在最热最干的地方，特别是在道旁路边。出洞的幼虫有锐利的工具，必要时可以穿透泥沙和干黏土，所以它们喜欢最硬的地方。

我家花园的一条甬道由一堵朝南的墙反射阳光，照得如同到了塞内加尔一样，那儿有许多蝉出洞时留下的圆洞口。六月的最后几天，我检查了这些刚被遗弃的井坑。地面土很硬，我得用镐（gǎo）来刨。

地洞口是圆的，直径约二点五厘米。在这些洞口的周围，没有一点儿浮土，没有一点儿推出洞外的土形成的小丘。事情十分清楚：蝉的洞不像粪金龟这帮挖掘工的洞，上面堆着一个小土堆。这种差异是二者的工作程序所决定的。食粪虫是从地面往地下掘进，它是先挖洞口，然后往下挖去，随即把浮土推到地面上来，堆成小丘。而蝉的幼虫则相反，它是从地下转到地上，最后才钻开洞口。洞口是最后的一道工序，一打开就不可能用来清理浮土了。食粪虫是挖土进洞，所以在洞口留下了一个鼹（yǎn）鼠丘；而蝉的幼虫是从洞中出来，无法在尚未做成的洞口边堆积任何东西。

蝉洞约深四分米。洞是圆柱形，因地势的关系而有点儿弯曲，但始终要靠近垂直线，这样路程是最短的。洞的上下完全畅通无阻。想在洞中找到挖掘时留下的浮土，那是徒劳的，哪儿都见不着浮土。洞底是个死胡

同，成为一间稍微宽敞些的小屋，四壁光洁，没有任何与延伸的什么通道相连的迹象。

根据洞的长度和直径来看，挖出的土有将近两百立方厘米。挖出的土都跑哪儿去了呢？如果只是钻孔而未做任何其他加工的话，在干燥易碎的土中挖洞，洞坑和洞底小屋的四壁应该是粉末状的，容易塌方。可我却惊奇地发现洞壁表面被粉刷过，涂了一层泥浆。洞壁实际上并不是十分光洁，差得远了，但是，粗糙的表面被一层涂料盖住了。洞壁那易碎的土料浸上黏合剂，便被粘住不脱落了。

蝉的幼虫可以在地洞中来来回回，爬到靠近地面的地方，再下到洞底小屋，而带钩的爪子却未刮擦下土来，否则会堵塞通道，上去很难，回去不能。矿工用支柱和横梁支撑坑道四壁，地铁的建设者用钢筋水泥加固隧道。蝉的幼虫这个毫不逊色的工程师用泥浆涂抹四壁，让地洞长期使用而不堵塞。

如果我惊动了从洞中出来爬到近旁的一根树枝上去、在上面蜕变成蝉的幼虫的话，它会立即谨慎地爬下树枝，毫无阻碍地爬回洞底小屋里去，这就说明即使此洞要永远被丢弃了，洞也不会被浮土堵塞的。

这个上行管道不是因为幼虫急于重见天日而匆忙赶制而成，这是一座货真价实的地下小城堡，是幼虫要长期居住的宅子。墙壁进行了加工粉刷就说明了这一点。如果只是钻好之后不久就要丢弃的简单出口的话，就用不着这么费事了。毫无疑问，这也是一种气象观测站，外面天气如何，在洞内可以探知。幼虫成熟之后要出洞，但在深深的地下它无法判断外面的气候条件是否适宜。地下的气候变化太慢，不能向幼虫提供精确的气象资料，而这又正是幼虫一生中最重要的时刻——来到阳光下蜕变——所必须了解的。幼虫用几个星期的，也许几个月的时间耐心挖土，清道，加固垂直洞壁，但却不把地表挖穿，而是与外界隔着一层一指厚的土层。在洞底，它比在别处更加精心地修建了一间小屋。那是它的隐蔽所、等候室。如果气象报告说要延期搬迁的话，它就在里面歇息。只要稍微预感到风和日丽的话，它就爬到高处，透过那层薄土盖子探测，看看外面的温度和湿度如何。

如果气候条件不如意，如刮大风下大雨，那对幼虫蜕变是极其严重的威胁，那谨小慎微的小家伙就又回到洞底屋中继续静候着。相反，如果气候条件适宜，幼虫便用爪子捅几下土层盖板，便可以钻出洞来。

似乎一切都在证实，蝉洞是个等候室，是个气象观测站，幼虫长期待在里面，有时爬到地表下面去探测一下外面的天气情况，有时潜于地洞深处更好地隐蔽起来。这就是蝉在地洞深处建有一个合适的歇息所，并将洞壁涂上涂料以防止塌落的原因之所在。

但是，不好解释的是，挖出的浮土都跑到哪儿去了？一个洞平均得有两百立方厘米的浮土，怎么全都不见了踪影？洞外不见有这么多浮土，洞内也见不着它们。再说，这如炉灰一般的干燥泥土，是怎么弄成泥浆涂在洞壁上的呢？

蛀蚀木头的那些虫子的幼虫，比如天牛和吉丁的幼虫，应该可以回答第一个问题。这种幼虫在树干中往里钻，一边挖洞，一边把挖出来的东西吃掉。这些东西被幼虫的颚挖出来，一点儿一点儿地被吃下，消化掉。这些东西从挖掘者的一头穿过，到达另一头，滤出那一点点的营养成分后，把剩下的排泄出来。它们堆积在幼虫身后，彻底堵塞了通道，幼虫也就不得再从这儿通过了。由胃或颚进行的这种最终分解，把消化过的物质压缩成比没有伤及的木质更加密实的东西，致使幼虫前边就出现一个空地儿，一个小洞穴，幼虫可以在其中干活儿。这个小洞穴很短小，仅够关在里面的这个囚徒行动。

蝉的幼虫是不是也是用类似的方法钻掘地洞的呢？当然，挖出来的浮土是不会进入幼虫的体内的，而且，泥土，哪怕是最松软的腐殖土，也绝不会成为蝉的幼虫的食物的。但是，不管怎么说，被挖出来的浮土不是随着工程的进展逐渐地被抛在幼虫身后了吗？

蝉在地下要待四年。这么漫长的地下生活当然不会是在我们刚才描绘的准备出洞时的小屋中度过的。幼虫是从别处来到这儿的，想必是从比较远的地方来的。它是个流浪儿，把自己的吸管从一个树根插到另一个树根。当它或因为冬天逃离太冷的上层土壤，或因为要定居于一个更好的处所而迁居时，它便为自己开出一条道来，同时把用颚这把镐挖出的土抛在身后。这一点是无可争辩的。

如同天牛和吉丁的幼虫一样，这个流浪儿在移动时只要很小的空间就足够了。一些潮湿的、松软的、容易压缩的土对于它来说就等于是天牛和吉丁的幼虫消化过后的木质糊糊。这种泥土很容易压缩，很容易堆积起来，留出空间。

困难来自另一个方面。蝉洞是在干燥的土中挖掘而成的，只要土始终保持干燥，那就很难压紧压实。如果幼虫开始挖通道时就把一部分浮土扔到身后的一条先前挖好现已消失的地道中去，这也是比较有可能的，尽管还没有任何迹象可以证明这一点。不过，如果考虑到洞的容量以及极难找到地方堆积这么多的浮土的话，你又会怀疑起来，心想："这么多的浮土，必须有一个很大的空间才能存放得下，而这个空间的挖成也同样要出现许多的浮土，要存放起来同样是困难重重。这样就又得有一个空间，同样也就又会有许多浮土，如此循环不已。"就这么转来转去，没有个尽头。因此，光是把压紧压实的浮土抛到身后尚无法解释这个空间的出现这一难题。为了清除掉碍事的浮土，蝉应该有一种特殊的法子。我们来试试解开这个谜。

我们仔细观察一只正在往洞外爬的幼虫。它或多或少总要带上点儿或干或湿的泥土。它的挖掘工具——前爪尖上沾了不少的泥土颗粒；其他部位像是戴上了泥手套；背部也满是泥土。它就像是一个刚捅完阴沟的清洁工。这么多污泥让人看了惊讶不已，因为它是从一处很干燥的土里爬出来的。本以为会看见它满身的粉尘，但却发现它是一身的泥污。

再顺着这个思路往前观察一下，蝉洞的秘密就解开来了。我把一只正在对其洞穴进行挖掘的幼虫给挖了出来。我运气真好，幼虫正开始挖掘时，我便有了惊人的发现。一个大拇指一样长的地洞，没有任何的阻塞物，洞底是一间休息室，眼下全部工程就是这个状况。那位辛勤的工人现在是什么样呢？就是下面的这种状况。

这只幼虫的颜色显然比我在它们出洞时捉到的那些幼虫苍白得多。眼睛非常大，特别白，浑浊不清，看不清东西。在地下，视力有什么用？而出了洞的幼虫的眼睛则是黑黑的，闪闪发亮，说明能看见东西。未来的蝉出现在阳光下，就必须寻找，有时还得到离洞口挺远的地方去寻找将在其上蜕变的悬挂树枝。这时候视力就非常重要了。这种在准备蜕变期间的视力的成熟足以告诉我们，幼虫并非是仓促地即兴挖掘自己的上行通道的，而是干了很长的时间。

另外，苍白而眼盲的幼虫比成熟状态时体形要大。它身体内充满了液体，就像是患了水肿。用指头捏住它，它的尾部便会渗出清亮的液体，弄得全身湿漉漉的。这种由肠内排出来的液体是不是一种尿液？或者只是吸收液汁的胃消化后的残汁？我无法肯定，为了说起来方便，我就称它为尿吧。

喏，这个尿泉就是谜底。幼虫在向前挖掘时，也随时把粉状泥土浇湿，使之成为糊状，并立即用身子把糊状泥压贴在洞壁上。这具有弹性的湿土便糊在了原先干燥的土上，形成泥浆，渗进粗糙的泥土缝隙中去。拌得最稀的泥浆渗透到最里层，剩下的则被幼虫再次挤压，堆积，涂在空余的间隙中。这样一来，坑道便畅通无阻了，一点儿浮土都不见了，因为已被就地和成了泥浆，比原先的没被钻透的泥土更瓷实、更匀称。

幼虫就是在这黏糊糊的泥浆中干活儿来着，所以当它从极其干燥的地下出来时便浑身泥污，让人觉得十分蹊跷。成虫虽然完全摆脱了矿工又脏又累的活儿，但并未完全丢弃自己的尿袋，它把剩余的尿液保存起来当作自卫的手段。如果谁离得太近观察它，它就会向这个不知趣的人射出一泡尿，然后便一下子飞走了。蝉尽管性喜干燥，但在它的两种形态中，都是一个了不起的浇灌者。

不过，尽管幼虫身上积满了液体，但它还是没有那么多的液体来把整个地洞挖出的浮土弄湿，并让这些浮土变成易于压实的泥浆。蓄水池干涸了，就得重新蓄水。从哪儿蓄水，又如何蓄水？我隐约地看到问题的答案了。

我极其小心地挖开了几个地洞，发现洞底小屋壁上嵌着生命力很强的树根须须，大小有的如铅笔粗细，有的如麦秸秆一般。露出来可以看得见的树根须须短小，只有几毫米。根须的其余部分全都植于周围的土里。这种液汁泉是偶然遇上的呢，还是幼虫特意寻找的？我倾向于后一种答案，因为至少当我小心挖掘蝉洞时，总能见到这么一种根须。

是这样的。要挖洞筑室的蝉，在开始为未来的地道下手之前，总要在一个新鲜的小树根的近旁寻觅一番。它把根须刨出来一点儿，嵌于洞壁，而又不让根须突出壁外。这墙壁上的有生命的地点，我想就是液汁泉，幼虫尿袋在需要时就可以从那儿得到补充。如果由于用干土和泥而把尿袋用光了，幼虫矿工便下到自己的小屋里去，把吸管插进根须，从那取之不尽的水桶里吸足了水。尿袋灌满之后，它便重新爬上去，继续干活儿，把硬土弄湿，用爪子拍打，再把身边的泥浆拍实，压紧，抹平，畅通无阻的通道便做成了。情况大概就是这样的。虽然没法直接观察到，而且也不可能跑到地洞里去观察，但是逻辑推理和种种情况都证实了这一结论。

如果没有根须那个大水桶，而幼虫体内的蓄水池又干涸了，那会怎么样呢？下面这个实验会告诉我们的。我把一只正从地下爬出来的幼虫捉住了，把它放进一个试管的底部，用松松地堆积起来的一试管干土把它埋起来。这个土柱子高一点五分米。这只幼虫刚刚离开的那个地洞比试管长出三倍，虽说是同样的土质，但洞里的土要比试管里的土密实得多。幼虫现在被埋在我那短小的粉状土柱子里，它能重新爬到外面来吗？如果它努力挖的话，肯定是能爬出来的。对于一个刚从硬土地中挖洞的幼虫来说，一个不坚固的障碍能在话下吗？

然而我却有所怀疑。为了最后顶开把它与外界隔开的那道屏障，幼虫已经把最后储备的液体消耗光了。它的尿袋干了，没有活的根须它就毫无办法再把尿袋灌满。我怀疑它无法成功是不无道理的。果不其然，三天后，我看到被埋着的幼虫耗尽了体力，终未能爬上一拇指高。浮土被扒动过，因无黏合剂而无法当场黏合，无法固定不动，刚一拨弄开，便又塌下来，回到幼虫爪下。老这么挖，扒，总也不见大的成效，总是在做无用功。第四天，幼虫便死了。

如果幼虫的尿袋是满的，结果就大不相同。我用一只刚开始准备蜕变的幼虫进行了同样的实验。它的尿袋鼓鼓的，在往外渗液体，身子全湿了。对于它来说，这活儿是小菜一碟。松松的土几乎毫无阻力。幼虫稍稍用尿袋的液体润湿，便把土和成了泥浆，黏合起来，再把它们抹开，抹平。地道通了，但不很规则，这倒不假，随着幼虫不断往上爬，它身后几乎给堵上了。看起来好像是幼虫知道自己无法补充水，因而为了尽快地摆脱一个它很陌生的环境而节约自己身上那仅有的一点儿液体，不到万不得已绝不动用。就这么精打细算，十来天之后，它终于爬到外面来了。

出口捅开之后，幼虫大张着嘴待在那儿，宛如被粗钻头钻出的一个孔。幼虫爬出洞后，在附近徘徊一阵，寻找一个空中支点，诸如细荆条、百里香丛、禾蒿秆儿、灌木枝杈什么的。一旦找到之后，它便爬上去，用前爪牢牢地抓住，脑袋昂着。其余的爪子，如果树枝有地方的话，也撑在上面；如果树枝很小，没多少地方，两只前爪钩住就足够了。然后便休息片刻，让悬着的爪臂变硬，成为牢不可破的支撑点。这时候，中胸从背部裂开来。蝉从壳中蜕变而出，前后将近半小时的工夫。蝉从壳中蜕变出来后，与先前的模样大相径庭！双翼湿润、沉重、透明，上面有一条条的浅绿色脉络。胸部略呈褐色。身体的其余部分呈浅绿色，有一处处的白斑。这脆弱的小生命需要长时间地沐浴在空气和阳光之中，以强壮身体，改变体色。将近两小时过去了，却未见有明显的变化。它只是用前爪钩住旧皮囊，稍有点儿微风吹来，它就飘荡起来，始终是那么脆弱，始终是那么绿。最后，体色终于变深了，越来越黑，终于完成了体色改变的过程。这一过程用了半个小时。蝉上午九点悬在树枝上，到十二点半的时候，我看着它飞走了。

旧壳除了背部的那条裂缝之外并无破损，并且牢牢地挂在那根树枝上，晚秋的风雨也都没能把它吹落或打下。常常可以看到有的蝉壳一挂就是好几个月，甚至整个冬天都挂在那儿，姿态仍旧如同幼虫蜕变时的一模一样。旧壳质地坚硬，硬如干羊皮，如同蝉的替身似的久久地待在那儿。

啊！如果我对我的那些农民乡邻所说的事全都信以为真的话，有关蝉的故事我可有不少好听的。我就只讲一个他们讲给我听的故事吧，只讲一个。

你受肾衰之苦吗？你因水肿而走路晃晃悠悠的吗？你需要治它的特效药吗？农村的偏方在对待这种病上有特效，那就是用蝉来治。在夏天，把成虫的蝉收集起来，穿成一串，在太阳地里晒干，然后好生地藏在衣橱角落里。如果一个家庭主妇七月里忘了把蝉穿起来晒干收藏，那她会觉得自己太粗心大意了。

你是否肾脏突然有点儿炎症，尿尿有点儿不畅？赶快用蝉熬汤药吧。据说没什么比这更有效的了。以前，我不知哪儿有点儿不舒服，一个热心肠的人就让我喝过这种汤药，我起先不知道，是事后别人告诉我的。我很感谢这位热心者，但我对这种偏方深表怀疑。令我惊诧不已的是，阿那扎巴的老医生迪约斯科里德也建议用此偏方，他说：“蝉，干嚼吃下，能治膀胱痛。”从佛塞来的希腊人把蝉和橄榄树、无花果树、葡萄等送给了普罗旺斯的农民。从此，自那遥远年代起，普罗旺斯的农民便把这宝贵的药材奉若至宝。只有一点有所变化：迪约斯科里德建议把蝉烤着吃，现在，大家把蝉用来煨汤，作为煎剂。

说此偏方可以利尿，纯属幼稚天真。我们这儿人人皆知，谁要想抓蝉，它就立即向谁脸上撒尿，然后飞走。因此，它告诉了我们其排尿的功能，以致迪约斯科里德及其同时代的人便以此为据，而我们普罗旺斯的农民至今仍这么认为。

啊，善良的人们！如果你们获知蝉的幼虫能用尿和泥来建自己的气象站的话，那你们又会怎么想呢？拉伯雷描写道：“卡冈都亚坐在巴黎圣母院的钟楼上，从自己巨大的膀胱里往外尿尿，把巴黎成百上千的闲散的人淹死，还不包括妇女和儿童，否则人数会更多。”你们知道这个故事后，也会信以为真吗？

螳螂捕食

还有一种南方的昆虫，其令人感兴趣的程度至少与蝉一样，但声名却远不及后者，因为它总是悄无声息。如果上苍赐予它一个深得人心的第一要素——音钹（bó）的话，凭借它形体与习性的奇特，它准能让著名歌手蝉黯然失色。这里的人们称它为“祷上帝”，学名则叫“螳螂”，拉丁文名为“修女袍”。

科学的术语与农民朴素的词汇在这儿是相互吻合的，都是把这种奇特的生物看成是一个传达神谕的女预言家，一个沉湎于神秘信仰的苦修女。这种比喻由来已久。古希腊人早就把这种昆虫称为“占卜

者”“先知”。庄户人在比喻方面也是乐行其事的，他们对所见的模糊材料大加补充。他们看见在烈日炙烤的草地上有一只仪态万方的昆虫半昂着身子庄严地立着。它那宽阔薄透的绿翼像亚麻长裙似的掩在身后，两只前腿，可以说是两只胳膊，伸向天空，一副祈祷的架势。只这些足矣，剩下的由百姓们的想象去完成。于是，自远古以来，荆棘丛中就住满了这些传达神谕的女预言者、向上苍祷告的苦修女了。

啊，天真幼稚的好心的人们，你们犯了多么大的错误呀！它的种种祈祷似的神态掩藏着许多的残忍习性，那两只祈求的臂膀是可怕的劫掠工具：它并不捻动念珠，而是要结果一切从旁经过的猎物。人们怎么也没想到螳螂竟然是直翅目食草昆虫中的一个例外，它专门吃活食。它是昆虫界和平居民的老虎，是埋伏着捕捉新鲜肉食的妖魔。可想而知，它力大无穷，又嗜肉成性，外加它那完美而可怕的捕捉器，使它可能成为野地上的一霸。“祷上帝”可能变成了凶神恶煞的刽子手。

如果不提它那置人死地的工具，螳螂其实没有什么可以让人担惊受怕的。它甚至不乏典雅优美，因为它体形矫健，上衣雅致，体色淡绿，薄翼修长。它没有张开如剪刀般的凶残大颚，相反却小嘴尖尖，好像天生就是用来啄食的。借助从前胸伸出的柔软脖颈，它的头可以转动，左右旋转，俯仰自如。昆虫之中，唯有螳螂引导目光，可以观察，可以打量，几乎还带面部表情。

它整个身躯一副安详状，同极其准确地被誉为“杀人机器”的前爪相比起来，反差极大。它的腰肢异常地长而有力，其功用就是向前伸出狼夹子，不是坐等送死鬼，而是去捕捉猎物。捕捉器稍有点儿装饰，颇为漂亮。腰肢内侧饰有一个美丽的黑圆点，中心有白斑，圆点周围有几排细珍珠粒作为陪衬。

它的大腿更加地长，宛如扁平的纺锤，前半段内侧有两行尖利的齿刺。里面一行有十二颗长短相间的齿刺，长的黑色，短的绿色。这种长短齿刺相间增加了啮（niè）合点，使利器更加锋利有效。外面的一行简单得多，只有四颗齿刺。两行齿刺末端有三颗最长的。总之，大腿是一把双排平行刃口的钢锯，其间隔着一条细槽，小腿屈起可放入其间。

小腿与大腿有关节相连，伸屈非常灵活，它也是一把双排刃口钢锯，齿刺比大腿上的钢锯短些，但数量更多更密。末端有一硬钩，其尖利可与最好的钢针相媲（pì）美，钩下有一小槽，槽两侧是双刃弯刀或修枝剪。

这硬钩是高精度的穿刺切割工具，让我一看到就觉得后怕。我在捉螳螂时，不知有多少回被这家伙给钩住，我腾不出手来，只好求助别人帮我摆脱这个顽固的俘虏！谁要是想不先把刺入肉中的硬钩弄出来就硬拽开螳螂，那他的手肯定会像被玫瑰花刺扎了一样，出现道道伤疤。昆虫中没有谁比它更难对付的了。这家伙用修枝剪挠你，用尖钩划你，用钳子夹你，让你几乎无还手之力，除非你用拇指捏碎它，结束战斗，那样的话，你也就抓不着活的了。

螳螂在休息时，捕捉器折起来，举于胸前，看上去并不会伤害别人，一副在祈祷的昆虫的架势。但是，一旦猎物出现，它就立刻收起它那副祈祷姿态。捕捉器的那三段长构件突地伸展开去，末端伸到最远处，抓住猎物后便收回来，把猎物送到两把钢锯之间。老虎钳宛如手臂内弯似的，夹紧猎物，这就算是大功告成了：蝗虫、蚱蜢或其他更厉害的昆虫，一旦夹在那四排尖齿交错之中，便小命呜呼了。无论它如何拼命挣扎，又扭又蹬，螳螂那可怕的凶器是死咬住不放的。

如果要对螳螂的习性进行系统研究的话，必须要在家中饲养，在野外它无拘无束的情况下，是研究不了的。饲养它并不困难，因为只要好吃好喝地伺候，它并不在乎被囚在钟形罩中。我们得每天给它精美食物，天天换样儿，那它就不会因失去荆棘丛而遗憾了。

我准备了十来只宽大的金属网罩，用来关押我的囚徒，同饭桌上罩饭菜防苍蝇的网罩一样。每一个罩子都扣在一个装满沙子的瓦罐上。笼里放着一束干百里香、一块为将来产卵用的平石头，这就是它的全部家当。这一座座的小屋排放在我动物实验室的大桌子上，那儿白天大部分时间日照充足。我把我的俘虏们关在笼子里，有的单独囚禁，有的集体关押。

我是八月下旬开始在路边干草堆中和荆棘丛里看到成年螳螂的。肚子已经很大了的雌性螳螂日见增多。而它们的瘦弱的雄性伴侣却比较少见，我有时得花很大的劲儿才能给我的那些雌性俘虏配对，因为囚笼中那些雄性小个子经常被悲惨地吃掉。这种惨剧我们先按下不表，先来说说那些雌性螳螂。

雌性螳螂饭量极大，喂养时间长达数月，所以食物的维系并非易事。几乎必须每天更换食物，而大部分都是被它们稍微尝上几口便不屑地弃之不食了。我相信，螳螂在它们的出生地荆棘丛中，会更注意节约些的。由于猎物不充足，它们会把到手的食物吃干净为止，可在我的笼子里，它们就大手大脚的了，常常是咬上几口之后，便把那鲜美的食物撇下不吃了。它们似乎在以这种方式排遣囚禁之烦恼吧！

为了对付这种奢侈浪费，我必须寻找援助了。附近的两三个无所事事的小家伙在我的面包片和甜瓜块的引诱下，每天早上和晚上跑到周围的草丛中去摆放用芦苇编成的小笼子，里面装着活蹦乱跳的蝗虫、蚱蜢。而我也没闲着，手拿网子，每天在围墙周围转悠，企盼能为我的住客们弄点儿鲜美猎物。

这些美味食物是我想用来了解螳螂的胆量和力气到底有多大的。在这些美味之中，大灰蝗虫个头儿要比吃它的螳螂大得多；白额螽（zhōng）斯的大颚有力，我们的指头都怕被它咬伤；蚱蜢怪模怪样，扣着金字塔形的帽子；葡萄树距螽的音钹声嘎嘎响，圆乎乎的肚腹上还长有一把大刀。除了这些难以下嘴的野味外，还有两种可怕的猎物：一个是圆网蛛，肚子似圆盘，带有彩花边饰，大小如一枚二十苏的硬币；另一个是冠冕蛛，形象凶恶，鼓腹腆（tiǎn）肚，令人望而生畏。

当我看到笼子里的螳螂一见到面前的各种猎物便勇猛地冲上前去的劲头儿，我便毫不怀疑它们在野地里遇见类似对手时也一定是毫不畏缩的。如同在我的金属网罩中它尽享我慷慨奉上的美味一样，在荆棘丛中，它必定是毫不客气地享用偶然送上门来的肥美猎物的。对大猎物的这种捕猎充满危险，这绝不是心血来潮之举，应该是它习以为常的事。然而，这种捕猎似乎并不多见，因为机会不多，也许这是螳螂的一大憾事。

各种各样的蝗虫，还有蝴蝶、蜻蜓、大苍蝇、蜜蜂以及其他中不溜儿的昆虫，都是它日常所能抓到的猎物。反正，在我的笼子里，大胆的女猎手在任何猎物前都没有退缩过。无论是灰蝗虫还是螽斯，也无论是圆网蛛还是冠冕蛛，迟早都逃不脱它的利爪，在它的锯齿内动弹不得，被它津津有味地嚼食。这种情形是值得讲述一下的。

一看见罩壁上傻乎乎靠近的大蝗虫，螳螂痉挛似的一颤，突然摆出吓人的姿态。电流击打也不会产生这么快的效应的。那转变是如此突然，样子是如此吓人，以致一个没有经验的观察者会立即犹豫起来，把手缩回来，生怕发生意外。即使像我这么已习以为常的人，如果心不在焉的话，遇此情况也不免吓一大跳。这就像是突然从一个盒子里弹出一种吓人的东西，一种小魔怪似的。

鞘翅随即张开，斜掩在两侧；双翼整个展开来，似两张平行的船帆立着，宛如脊背上竖起阔大的鸡冠；腹端蜷成曲棍状，先翘起来，然后放下，再突然一抖，放松下来，随即发出噗噗的声响，宛如火鸡展屏时发出的声音一般，也像是突然受惊的游蛇吐芯时的声响。

它身子傲岸地支在四条后腿上，上身几乎呈垂直状。原先收缩相互贴在胸前的劫持爪，现在完全张开，呈十字形挺出，露出装点着几排珍珠粒的腋（yè）窝，中间还露出一个白心黑圆点。这黑的圆点恍如孔雀尾羽上的斑点，再加上那些象牙质的纤细凸纹，是它战斗时的法宝，平时是密藏着的，只是在打斗时为了显得凶恶可怕，盛气凌人，才展露出来。

螳螂以这种奇特姿态一动不动地待着，目光死死地盯住大蝗虫，对方移动，它的脑袋也跟着稍稍转动。这种架势的目的是显而易见的：螳螂是想震慑、吓瘫强壮的猎物，如果后者没被吓破胆的话，后果将不堪设想。

它成功了吗？谁也搞不清楚蠡斯那光亮的脑袋里或蝗虫那长脸后面在想些什么。它们那麻木的面罩上没有任何的惊恐呈现在我们的眼前。但是，可以肯定被威胁者是知道危险的存在的。它看见自己面前挺立着一个怪物，高举着双钩，准备扑下来。它感到自己面对着死亡，但还来得及时它却并没有逃走。它本是个长腿的蹦跳者，善于高跳，轻而易举地就能跳出对方利爪的范围，可它却偏偏蠢乎乎地待在原地，甚至还慢慢地向对方靠近。

据说，小鸟见到蛇张开的大嘴会吓瘫，看见蛇的凶狠目光会动弹不得，任由对方吞食。许多时候，蝗虫差不多也是这么一种状态。现在它已落入对方威慑的范围。螳螂将两只大弯钩猛压下来，爪子一抓，双锯合拢、夹紧。不幸的蝗虫已无还手之力：它的大颚咬不着螳螂，后腿只是胡乱地蹬踢。它的小命休矣。螳螂收起它的战旗——翅膀，复现常态，开始美餐。

在抓获蚱蜢和距螽这种危险小于大灰蝗虫和螽斯的昆虫时，螳螂那魔怪般的姿态没有那么咄咄逼人，持续时间也没那么长。它只需将大弯钩一伸就解决问题了。对付蜘蛛也是如此，只需拦腰抓住对方，就用不着担心其毒钩了。对于其日常食物里不起眼的蝗虫，无论是在我笼子里的还是野地里的，螳螂都极少用它的震慑法子，它只是一把抓住闯进它势力范围的冒失鬼就完事了。

当要捕食的活物可能会进行顽强抵抗时，螳螂则不敢怠（dài）慢，要利用一种震慑、恫（dòng）吓猎物的姿态，让自己的利钩有办法稳稳地钩住对方。随后，它的狼夹子便把吓傻了的无还手之力的受害者夹紧。它就是以这种迅猛的魔怪般的姿势把自己的猎物吓瘫的。

在这种怪诞的姿势中，双翅起了很大的作用。螳螂的翅膀很宽大，外边缘呈绿色，其余部分系无色半透明的。纵向上有许多经翅脉，呈扇面状辐射开来。

还有一些更细的、横向的翅脉，与纵向翅脉呈直角相切，与之形成无数的网眼。在呈魔怪姿态时，翅膀展开，立成两个平行的平面，几乎相互触及，犹如昼间休憩（qì）的蝴蝶的翅膀一样。两翅之间，翘卷着的腹端突然剧烈抖动起来。肚腹摩擦翅脉，发出一种喘息声，我把它比作处于防御状态的游蛇吐芯的声音。如果要模仿这种声响，只需用指尖快速擦过展开的翅膀的正面即可。

几天没吃食的螳螂，因饥饿难忍，能一下子把与它相同大小或比它个头儿大的灰蝗虫全部吃掉，只撇下其翅膀，因为翅膀太硬而无法消受。吃光这么个大猎物，两小时足够了。但这么狼吞虎咽的情况甚是罕见。我曾见到过一两次，我当时就一直纳闷儿，这个饕（tāo）餮（tiè）者是怎么找到地方存这么多的食物的？容量小于容积的原理是怎么颠倒过来为螳螂服务的？我惊叹它的胃的高超特性，竟能让食物立即消化、溶解，穿肠而过。

在我的笼子里，蝗虫是螳螂的家常饭菜，大小不等，种类各异。看着它用劫持爪上的那对钳子夹住蝗虫蚕食着，实属一件趣事。虽然说它那尖尖小嘴似乎并不像是生就为大吃大喝所用的，可猎物却被它吃光了，只剩下双翅，而且，翅根上多少有点儿肉的地方也没有放过。爪子、硬皮全都穿肠而过。有时候，螳螂抓住一条肥硕的后大腿，送到嘴边，细细地品味着，一副心满意足的神态。蝗虫的肥硕大腿对它来说可能是上等好肉，犹如一块上好羊肉对我们而言一样。

螳螂先从猎物的颈部下口。当一只劫持爪拦腰抓住猎物时，另一只则按住后者的头，使脖颈上方裂开。于是，螳螂便把尖嘴从这失去护甲的地方插进去，锲（qiè）而不舍地啃吃起来。猎物颈部裂开了大口。头部淋巴已遭破坏，蹬踢也就随之停止，猎物便成了一个没有知觉的尸体，螳螂因而可以自由选择，想吃哪儿就吃哪儿了。

金步甲的婚俗

众所周知，金步甲是毛虫的天敌，所以无愧于它那“园丁”的称号。它是菜园和花坛中警惕的田野卫士。如果说我在这方面的研究不能为它那久负盛名的美誉增添点儿什么的话，那至少我可以从下面的介绍中向大家展示这种昆虫尚未为人所知的一面。它是个凶狠的吞食者，是所有力不及它的昆虫的恶魔，但它也会惨遭灭顶之灾。是谁把它吃掉的呢？是它自己以及其他许多昆虫。

有一天，我在我家门前的梧桐树下看见一只金步甲急急忙忙地爬过。朝圣者是受人欢迎的，它将使笼中的居民增强团结。我把它抓住后，发现它的鞘翅末端受到损伤。是争风吃醋留下的伤痕吗？我看不出有任何这方面的迹象。要紧的是，它可不能伤得太厉害。我仔细地查验一番，没发现它有什么其他伤残，考虑到可以将它大加利用，便把它放进玻璃屋中，与二十五只常住居民为伴。

第二天，我去查看这个新寄宿者。它死了。头天夜里，同室居民攻击了它，那残缺的鞘翅没能护好肚腹，被对方给掏空了。破腹手术干净利落，没有伤及一点儿肢体。爪子、脑袋、胸部，全部完好无损，只是肚子被大开了膛，内脏被掏个精光。我眼前所见的是一副金色贝壳架，由双鞘翅合拢护着。对照一下被掏空软体组织的牡（mǔ）蛎（lì），也没有它这么干净。

这种结果颇令我惊诧，因为我一向很注意查看，不让笼子里缺少吃食。蜗牛、鳃（sāi）角金龟、螳螂、蚯蚓、毛虫以及其他可口的菜肴，总是换着花样地放进笼中，菜量充足有余。我的那些金步甲把一个盔甲受损、容易攻击的同胞给吞吃掉，是无法以饥饿所致作为借口的。

它们中间是否约定俗成，伤者必须被结果，其要变质的内脏必须被掏空？昆虫之间是没有什么怜悯可言的。面对一个绝望挣扎的受伤者，同类中没有谁会驻足不前，没有谁会试图前去帮它一把。在食肉者之间，事情可能变得更加悲惨。有时候，一些过往者会奔向伤残者。是为了安慰它吗？绝对不是，它们是为了去品尝它的味道，而且，如果它们觉得其味鲜美，则会把它吞吃掉，以彻底解除它的痛苦。

当时，有可能是那只鞘翅受损的金步甲暴露了它受伤的地方，同伴们受到了诱惑，视这个受伤的同胞为一只可以开膛破肚的猎物。但是，假如先前并没有谁受伤，那它们之间是否会相互尊重呢？从种种迹象来看，一开始，相互间的关系还是相安无事的。吃食时，金步甲们之间也从未开过战，顶多是相互从嘴中夺食而已。在木板下躲着睡午觉，而且睡得很长，也没见有过打斗。我那二十五只金步甲把身子半埋在凉爽的土中，在安静地消食，打盹儿，彼此相距不远，各睡在各的小坑中。如果我把遮阳板拿掉，它们立刻惊醒，纷纷四下逃窜，不时地相互碰撞，但却并不干仗。

平静祥和的气氛很浓，似乎会永远这么持续下去，可是，六月，天刚开始热时，我查看时发现有一只金步甲死了。它没有被肢解，同金色贝壳一模一样，如同刚才被吞食的那只伤残者的样子，使人想到一只被掏干净的牡蛎。我仔细查看了残骸，除了腹部开了个大洞，其他地方完好无损。由此可见，当其他的金步甲在掏空它时，那只受伤的金步甲是处于正常的状态的。

不几天，又有一只金步甲被害，同先前死的那只一样，护甲全都完好无损。把死者腹部朝下放好，它似乎好好的。而让它背冲下的话，它便是一只空壳，壳内没有一点儿肉了。稍后不久，又发现一具残骸，然后是一只又一只，越来越多，以致笼中的居民迅速减少。如果继续这么残杀下去的话，那我的笼子里很快就什么也没有了。

我的金步甲们是因年老体衰，自然死亡，幸存者们瓜分死者尸体呢，还是牺牲好端端的人以减少人口呢？想弄个水落石出并非易事，因为开膛破肚的事是在夜间进行的。但是，我因时刻警惕着，终于在大白天撞见过两次这种大开膛。

将近六月中旬，我亲眼看见一只雌金步甲在折腾一只雄金步甲。后者体形稍小，一看便知是只雄的。手术开始了。雌性攻击者微微掀起雄金步甲的鞘翅末端，从背后咬住受害者的肚腹末端。它拼命地又拽又咬。受害者精力充沛，但却并不反抗，也不翻转身来。它只是尽力往相反的方向挣扎，以摆脱攻击者那可怕的齿钩，只见它被攻击者拖得忽而进忽而退的，未见其他任何抵抗。搏斗持续了一刻钟。几只过路的金步甲突然停下脚步，好像在想："马上该我上场了。"最后，那只雄金步甲使出浑身力气挣脱开来，逃之夭夭。可以肯定，如果它没能挣脱掉的话，那它肯定就被那只凶残的雌金步甲开了膛了。

几天过后，我又看到一个相似的场面，但结局却是完满的。仍旧是一只雌性金步甲从背后咬一只雄性金步甲。被咬者没做什么抵抗，只是徒劳地挣扎，以求摆脱。最后，皮开肉裂，伤口扩大，内脏被悍妇拽出吞食。那悍妇把头扎进其同伴的肚子里，把它掏成个空壳。可怜的受害者爪子一阵颤动，表明已小命休矣。刽子手并未因此心软，继续在尽可能地往腹部深处掏挖。死者剩下的只是合抱成小吊篮状的鞘翅和仍旧连在一起的上半身，其他一无所剩。被掏得干干净净的空壳便撇在原地。

金步甲们大概就是这样死去的，而且死的总是雄性，我在笼子里不时地看见它们的残骸。幸存者大概也是这般死法。从六月中旬到八月一日，开始时的二十五个居民骤减至五只雌性金步甲了。二十只雄性全都被开膛破肚，掏个干干净净。它们是被谁杀死的？看样子是雌金步甲所为。

首先，我有幸亲眼所见，可以为证。有两次，我在大白天看见雌金步甲把雄的从鞘翅下开膛后吃掉，或至少试图开膛而未遂。至于其他的残杀，如果说我没有亲眼目睹的话，我却有一个非常有力的证据。大家刚才全都看见了：被抓住的雄金步甲没有反抗，没有进行自卫，而只是拼命地挣扎，逃跑。

如果这只是日常所见的对手之间的寻常打斗，那么被攻击者显然会转过身来的，因为它完全有可能这么做。它只要身子一转，便可回敬攻击者，以牙还牙。它身强力壮，可以搏斗，定能占到上风，可这傻瓜却任凭对手肆无忌惮地咬自己的屁股。似乎是一种难以抑制的厌恶在阻止它转守为攻，也去咬一咬正在咬自己的雌金步甲。这种宽厚令人想起朗格多克蝎，每当婚礼结束，雄蝎便任由其新娘吞食而不去动用自己的武器——那根能致伤其恶妇的毒螯针。这种宽容也让我回想起那个雌螳螂的情人，即使有时被咬剩一截了，仍不遗余力地继续自己那未竟之业，终于被一口一口地吃掉而未做任何的反抗。这就是婚俗使然，雄性对此不得有任何怨言。

我喂养在笼子里的金步甲中的雄性，一个一个地被开膛破肚，一个不剩，这也是在告诉我们那同样的习性。它们是已经对交尾感到满足的雌性伴侣的牺牲品。从四月至八月的四个月里，每天都有雌雄配对，有时是浅尝辄（zhé）止，有的时候，而且比较经常的是有效的结合。对于这些火辣辣的性格来说，这绝对是没有终结的。

金步甲在情爱方面是快捷利索的。在众目睽（kuí）睽之下，无须酝酿感情，一只过路的雄金步甲便向一眼见到的雌金步甲扑上去。雌金步甲被紧紧搂住，微微昂起点儿头来，以示赞同，而在其上的雄金步甲便用触角尖端抽打对方的脖颈。迅即就交配完毕，双方立即分开，各自跑去吃蜗牛，然后又各自另觅新欢，重结良缘，只要有雄金步甲可资利用即可。对于金步甲来说，生活的真谛即在于此。

在我养的金步甲园地里，男女比例失调，五只雌的对二十只雄的。但这并不要紧。雄性平和地占用遇上的雌性。有了这种忍让精神，早一天晚一天，机会多的是。

我本想让雌雄比例趋于合理的，但纯属偶然而非有意才造成这种比例失调的。初春时节，我在附近石头下捕捉遇上的所有的金步甲，不问是公是母，而且仅从外部特征去看也挺难辨出雌与雄来。后来，在笼子里喂养之后，我知道了，雌性明显地要比雄性大一些。所以说，我那金步甲园地里的雌雄比例严重失调实属偶然所致。可以相信，在自然条件下，不会是雄性比雌性多这么多的。

再说，在自由状态之中，不会见到这么多金步甲聚在一块石头下面的。金步甲几乎是孤独生活着的，很少看见两三只聚在同一个住所里。我的笼子里一下子聚着这么多实属例外，而且还没有导致纷争。玻璃屋中场地挺大，足够它们爬来爬去，自由自在，优哉游哉。谁想独处就可以独处，谁想找伴儿马上就能找到伴儿。

再说，囚禁生活似乎并不怎么让它们感觉厌烦，从它们不停地大吃大嚼，每日一再地寻欢交尾就可以看得出来。在野地里倒是自由，但却没这么受用，也许还不如在笼子里，因为野地里的食物没有笼子里的那么丰盛。在舒适方面，囚徒们也是身处正常状态，这里完全满足了它们的日常习俗。

只不过在这里同类相遇的机会比在野地里多。这也许对雌性来说是个绝妙的机会，它们可以迫害它们不再想要的雄性，可以咬雄性的屁股，掏光它们的内脏。这种猎杀自己旧爱的情况因比邻而居而加剧了，但是肯定没有因此就花样翻新，因为这种习性并非一时兴起所造就的。

交尾一完，在野外遇见一只雄性的雌金步甲便把对方当成猎物，将它嚼碎，以结束婚姻。我在野地里翻动过不少石头，可从未见到过这种场景，但这并没有关系，笼子里的情况就足以让我对此深信不疑了。金步甲的世界是多么残忍呀，一个悍妇一旦卵巢中有了孕，无须情人时便把后者吃掉！生殖法规把雄性当成什么，竟然如此这般地残害它们？

这类相爱之后同类相食的现象是不是很普遍？目前来说，我已经知晓有三类昆虫是这么一种情况：螳螂、朗格多克蝎和金步甲。在飞蝗这个种族中，情况没有这么残忍，因为被吃掉的雄性是死了的而非活着的。白额雌螽斯很喜欢一点儿一点儿地嚼已死的雄性的大腿。绿蚱蜢也是这种情况。

在一定程度上，这里面有个饮食习惯的问题：白额螽斯和绿蚱蜢首先都是食肉的。遇见一个同类尸体，雌虫总是多少要吃上几口的。

可是素食者又是怎么回事呢？接近产卵期时，雌性距螽竟冲着它那活蹦乱跳的雄性伴侣下手，剖开后者的肚子，大吃一通，直至吃饱为止。一向温情可爱的雌性蟋蟀性格会突然暴戾（lì），会把刚刚还给它弹奏动情小夜曲的雄性蟋蟀打翻在地，撕扯其翅膀，打碎它的小提琴，甚至还对小提琴手咬上几口。因此，这种雌性在交尾之后对雄性大开杀戒的情况是很常见的，特别是在食肉昆虫中间。这种残忍的习性到底是什么原因促使的呢？如果条件允许的话，我一定要把它弄个一清二楚。

粪金龟和公共卫生

食粪虫以成虫的形态完成一年的轮回，在来年春季的欢乐节日里由自己的子女们围在膝前，而且家里添丁进口，成员翻了一两番，这在昆虫的世界里肯定是无出其右的。蜜蜂是这种本能方面的贵族，一旦蜜罐装满也就随即死去；另一位贵族——蝴蝶，虽非本能方面的贵族，但却是服饰华美的贵族，当它把自己那成团的卵固定在得天独厚之地时也随即离开人间；浑身披着铠甲的步甲虫在把自己的子孙后代撒放在乱石下之后，随即也就命归黄泉了。

其他昆虫也是如此，除了那些群居的昆虫外。群居昆虫的母亲能够独自或在仆从陪伴下幸存下来。规

律是带普遍性的：昆虫天生是无父无母的孤儿。可我们要讲的这种情况却是一种意想不到的反常现象：卑贱的滚粪球工却逃过了那种扼杀高贵者的残酷规律。食粪虫尽享天年，成了长寿元老，而且鉴于其所做的贡献，它也确实当之无愧。

有一种公共卫生要求在最短的时间里把任何腐烂的东西全部清除干净。巴黎至今尚未解决它那可怕的垃圾问题，这迟早是这座巨大城市的生存或死亡的问题。大家在寻思，这城市之光会不会有这么一天被土壤中饱含的腐烂物质散发出的臭气给熏得熄灭了。聚集着数百万人口的大都市，虽拥有无尽的财力与智力，但面对的无法解决的问题，却被一个小小的村庄无须花钱、无须操心费力就给解决了。

大自然对乡村的清洁卫生倾注关怀，但对城市的舒适却漠然置之，虽说还谈不上是充满敌意。大自然为乡间田野创造了两类清洁工，没有什么能使之厌烦倦怠、疲劳懒散的。

第一类是苍蝇、葬尸虫、皮蠹（dù）、食尸虫类、阎虫科，它们专司尸体解剖。它们把尸体分割切碎，在自己的胃里把碎尸烂肉消化之后再还以生命。

一只鼹鼠被耕作的农具划破肚皮，它的业已发紫的脏腑把田间小径弄污；一条栖息在草地上的游蛇被行人踩死，这个蠢货还以为自己是除了祸害，干了好事；一只尚未长毛的雏鸟从窝里摔下，落在托着其窝的大树下面，可怜巴巴地摔成了肉酱。成千上万的这种残尸碎肉无处不在，如果不及时地加以清理，其臭气将成为很大的公害。但我们也不必害怕：这种尸体一旦在某处出现，小收尸工们便立即赶到。它们随即对尸体进行处理，掏空内脏，吃得只剩下骨头，或者至少要把尸体弄得如同一具干尸。用不了二十四小时，死去的鼹鼠、游蛇、雏鸟等便没了踪影，环境卫生保持住了。

第二类清洁工也同样是热情饱满的。城市里为了清洁卫生而在厕所里用氨水消毒，其味极其难闻，农村里的厕所就用不着洒氨水。农民在需要独自一人待着时，一堵矮墙、一道藩篱、一丛荆棘即可避人耳目。无须赘（zhuì）言，你一定会知道此人在那里干什么。当你被一簇簇长生草、厚厚的苔藓以及其他一些美丽的东西装点的陈砖旧瓦所吸引，走近一堵好似为葡萄培土的矮墙边时，哎呀！在这如此美丽的隐蔽处跟前，那是一大摊什么玩意儿呀！你赶紧逃之夭夭，苔藓、长生草、青苔等都不再吸引你了。你第二天再去原地看一看，那摊东西不见了，那块地方变得干净了：食粪虫来过这里。

防止屡屡出现的有碍观瞻（zhān）的东西被人看到，对于这些勇士们来说，只是它们职责中最微不足道的了，它们肩负的是一项更崇高的使命。科学向我们证实，人类最可怕的种种灾祸都能在微生物中找到根源，微生物与霉菌相近，属于植物界的极边缘的生物。在流行病爆发期间，这些可怕的病原菌在动物的排泄物中大量地迅速繁殖。它们污染着空气和水这两种生命的第一要素，它们散布在我们的衣物、食物上，把疾病传播开来。凡是被这些病原菌污染了的东西统统都要用火烧掉，用消毒剂消灭掉，用土深埋掉。

为保险起见，绝不要让垃圾积存在地面上。垃圾是否无害？垃圾是否危险？虽然说不准，但最好还是把垃圾消除掉。早在微生物让我们明白这种警惕是多么必要之前，古代的贤哲似乎就已经明白了这一点。东方民族比我们更容易受到传染病的危害，他们早已在这一方面掌握了一些明确的规律。摩西显然是古埃及这方面科学的传播者，他在自己的人民在阿拉伯沙漠中流浪的时候，已经在法典中制定了处理的方法。他说道：“你为了解决自己的内急，你就走出营地，带上一根尖头棍子，在沙地上挖个坑，然后再用挖出的沙土把你的污秽（huì）物掩埋起来。”

普罗旺斯农民也像自己祖先中的一支阿拉伯人一样不注意卫生，根本不考虑这方面的险情。幸好，摩西训诫的忠实执行者——食粪虫在为此而辛勤劳作。消灭、掩埋带菌物质全都是它。以色列人一有内急要解决便在腰里别着一根尖头棍跑出营地，而食粪虫也随即赶到，还带着比以色列人的尖头棍更高级的挖掘工具。解手的人一走，它便立即挖出一个井坑，把污秽物深埋掉，不再产生危害。

这帮掩埋工所搞的服务工作对于野外的环境卫生意义十分重大。而我们，这种净化工作的主要受益者，反而对这些小勇士有点儿鄙夷不屑，还用粗言恶语对待它们。做好事，不为人理解，反遭恶名，被石头砸死，被人用脚踩死。看来这已成了一定之规了。蟾蜍、刺猬、猫头鹰、蝙蝠，以及其他一些为我们服务的动物，就是明证，它们不企求我们什么，只是希望我们多少有点儿宽容心。

那些垃圾污物肆无忌惮地暴露在太阳地里，而保护我们免受其害的，在我们这一带，最英勇卓绝的卫士就是粪金龟。这并不是因为它们比其他的埋粪工更加勤快，而是因为它们有一副好的身子骨，能干苦活儿、累活儿。再者，当需要稍稍恢复一下体力时，它们则喜欢对我们最恶心的污秽物下手。

我们附近有四种粪金龟在从事这项工作。有两种（突变粪金龟和野生粪金龟）比较罕见，我们也就不专门去观察、研究它们了。相反，另外两种（粪生粪金龟和伪善粪金龟）却十分常见。后两种粪金龟背部墨黑，胸前都穿着华美的衣服。看到专事淘粪的工人竟穿得如此漂亮，我不禁惊讶无语。粪生粪金龟面部下方像紫水晶般闪亮，而伪善粪金龟的面部下方则闪烁着黄铜的光芒。我笼子里喂养着的就是这两种粪金龟。

我们先来看看它们作为掩埋工都有哪些能耐。两种粪金龟混在一起，笼中一共有十二只。笼子里原先大量放置食物，这一次事先把所剩的吃食全部清除掉了。我想估算一下一只粪金龟一次能掩埋多少东西。

日落时分，我把刚在我家门前拉了一摊的骡子的粪便放进笼子里去给那十二个囚徒。那摊粪便不算少，足可装上一篮子的。

第二天早晨，那摊骡粪全都被埋于地下了。地上几乎一点儿也没有了，顶多有点儿碎渣渣什么的。我因此可以大致估算出：按每只粪金龟都干了同样的工作量来算，那它们每只掩埋了大约有一立方分米的粪便。如果我们想到它们那瘦小的身材，又要挖洞又要运物，那真叫人感叹：这可真像泰坦干的活儿呀！而且，这还仅仅用了一个夜晚而已。

它们存粮这么丰富，是不是就守着财富待在地下不出来了？绝不是这样的！现在正是大好时光。黄昏来临，宁静温馨。现在正是精神振奋、心情舒畅的时刻，正是去远处大路上寻物觅宝之时，因为路上正有牛羊群放牧归去。我的住客们离开了地窖，返身回到地上。我听见它们簌（sù）簌地在爬栅栏，冒失地撞到壁板上，黄昏时的这番热闹气氛是我预料到的。我白天已经收集了与头一天一样丰盛的食物，正好拿来喂给它们。到了夜里，这些食物又都不见了踪影。第二天，地面上又干干净净的了。只要夜色美好，只要我总有足够的东西满足这帮贪得无厌的敛财奴，那么这种情况就永远会继续下去的。

尽管其食物异常丰富，粪金龟在日落时分还是会离开已储存的食物，在太阳的余晖中嬉戏，并去寻找新的开发工地。对于它来说，好像已得到的并不算什么，只有将要得到的才有价值。那么，每晚黄昏那美好时刻它所更新的粮食仓库，它到底用来干什么呢？很明显，粪金龟一夜之间是无法消费完这么丰盛的食物的。它储存的食物多得已不知如何处理。它只知积攒，却不完全利用。而且，它还总也不满足于自己那粮满仓，每晚还在拼死拼活地忙着往仓库里运送。

它随处建造粮仓，每天随便遇上哪座仓库便在那里弄些吃上一顿，吃不了的就几乎全部剩在那儿。从我笼子里喂养的粪金龟来看，它们那种掩埋工的本能要比作为消费者的食欲来得迫切。笼子里的地面在增高，我则不得不随时把它弄平。如果我把土堆挖开，我就会发现坑井中堆满了粪便，厚厚的，原封未动。原先的泥土已经变成了粪和土的结块，难以分开，如果我要继续观察而不致搞错，就得大加清理才行。

要想把结块中的粪便分离出来，总免不了有误差，不是分出来的多了，就是分出来的少了，与精确的量难以一致，但从我的观察中，有一点是明白无误的：粪金龟是热情似火的掩埋工，它们往地下运送的食物远远超过它们日常之所需。这样的一种掩埋工作是由一大群出力多少不一的合作者完成的，所以很显然，土壤的净化在很大程度上得以实现，而且有这么一支辅助性的劳动大军在做出贡献，公共卫生的保持才能有望，这是值得庆幸的。

此外，植物以及因植物的连锁反应而连带的一大批生物也得益于这种掩埋工作。粪金龟埋到地下并于第二天抛弃的那些东西并未丢失，远未丧失其利用价值。世界的结算中什么也不会丢失的，清单的总数是永恒的。粪金龟埋起来的小块软粪便将会使周围的一簇禾本植物枝繁叶茂。一只绵羊路过这儿，把这丛青草吃掉。羊长肥，人也就有了美味羊腿可以享受了。粪金龟的辛勤劳动给我们带来了一块美味肉块。

九十月份，当头几场秋雨浸透土壤，圣甲虫得以打破出生的牢笼时，粪生粪金龟和伪善粪金龟开始建造自家住宅。这住宅建造得很简陋，有辱这些享有挖土工美称的勇士们。如果单纯是挖掘一个避难所，以防冬季的严寒的话，粪金龟倒也不负其挖土工之美名：在井的深度、工程之完美和速度方面，没有谁可与之相提并论。在沙土地和不难挖掘的土地上，我曾发现一些坑洞，洞深竟达一米。还有的能挖得更深，我因为没有耐心，再说工具也不凑手，也就没有去挖挖看究竟深有几许。这就是粪金龟，熟练的挖井工，无人可及的打洞者。如果天寒地冻，它会下到不用担心霜冻的地层。

但是，建造子孙住宅就是另一码事了。美好季节转瞬即逝，如果要给每只卵配备一个这样的地堡，那时间是来不及的。要挖掘一个深洞，粪金龟就必须把冬天来临之前的空闲时间全部用上，别无他法。要使避难所更加安全，它就得把心思全用在造房建屋上，暂时不能去干别的事情。可在产卵期间，这么辛勤的劳作是不可能的。时间过得很快。它得在四五个星期内给很多的子女住的吃的，这就无法长时间地去挖深井了。

尽管季节有所不同，粪金龟为其幼虫挖的地洞并不比西班牙蜣（qiāng）螂和圣甲虫挖得深多少。就我在野地里所发现的所有地洞来看，也就是三分米左右，尽管那儿土很好挖，挖多深都没问题。

这种简陋的住处状如一段香肠或猪血腊肠，长度不超过两分米。这段香肠几乎都是不规则的，有时弯曲，有时又多少有些凹凸不平。这种不完美的情况是石头地的高低起伏所导致的，粪金龟是直线的挖掘工，无法总是按照自己的艺术标准去挖掘。于是，与地道紧贴在一起的粮食也就很忠实地再现了其模具的不规则性。香肠底部是圆的，如同地洞底部一样。这圆圆的底部就是孵化室，这圆形的孵化室可以放下一只小榛（zhēn）子。因胚胎的需要，室的侧壁挺薄，空气能很容易地进入。在孵化室内，我看到有一种带点儿绿的黏液在闪亮，那是疏松多孔的粪核的半流质状物质，是粪金龟妈妈吐出来喂给新生幼儿的头一口食物。

卵就睡在这个圆圆的小窝里，与四周无任何接触。卵是白色的，呈加长的椭圆形，与成虫的体积相比较，卵的体积够大的了。粪生粪金龟的卵长有七八毫米，宽有四毫米多，比伪善粪金龟卵的体积要稍小一点儿。

隧蜂

你了解隧蜂吗？你大概是不了解。这无伤大雅。即使不了解隧蜂，照样可以品尝人生的种种温馨甜蜜。然而，只要努力地去了解，这些不起眼的昆虫就会告诉我们许多奇闻趣事，而且，如果我们对这个纷繁的世界拓宽一点儿我们的知识面的话，同隧蜂打打交道并不是什么让人鄙夷不屑的事。既然我们现在有空闲的时间，那就了解了解它们吧。它们是值得我们去了解的。

怎么识别它们呢？它们是一些酿蜜工匠，体形一

般较为纤细，比我们蜂箱中养的蜜蜂更加修长。它们成群地生活在一起，身材和体色多种多样。有的比一般的胡蜂个头儿要大，有的与家养的蜜蜂大小相同，甚至还要小一些。这么多种多样，会让没经验的人束手无策，但是，有一个特征是永远不会改变的。任何隧蜂都清晰可辨地烙（lào）有本品种的印记。

你看看隧蜂肚腹背面腹尖上那最后一道腹环。如果你抓住的是一只隧蜂，那么其腹环则有一道光滑明亮的细沟。当隧蜂处于防卫状态时，细沟则忽上忽下地滑动。这条似出鞘兵器的滑动槽沟证明它就是隧蜂家族之一员，无须再去辨别它的体形、体色。在针管昆虫属中，其他任何蜂类都没有这种新颖独特的滑动槽沟。这是隧蜂的明显标记，是隧蜂家族的族徽。

四月，工程谨慎小心地开始了，不是一些新土小包的话，外面是一点儿也看不出来的。外面工地上没有一点儿动静。工匠们极少跑到地面上来，因为它们在井下的活计十分繁忙。有时候，这儿那儿，有这么一个小土包的顶端晃动起来，随即便顺着圆锥体的坡面滑落下去。这是一个工匠造成的，它把清理的杂物抱出来，往土包上推，但它自己并没露出地面。眼下，隧蜂只忙乎这种事。

五月带着鲜花和阳光来到了。四月里挖土方的工人现在变成了采花工。我无论何时都能够看见它们待在开了天窗的小土包顶上，个个都浑身沾满黄花粉。个头儿最大的是斑纹蜂，我经常看见它们在我家花园小径上筑巢建窝。我们仔细地观察一下斑纹蜂。每当储存食物的活计干起来的时候，总会不知从何处突然来了这么一位吃白食者。它将让我们目睹强抢豪夺是怎么回事。

五月里，上午十点钟左右，当储备粮食的工作正干得欢时，我每天都要去查看一番我那人口稠密的昆虫小镇。我在太阳地里，坐在一把矮椅子上，弓着腰，双臂支膝，一动不动地观察着，直到吃午饭时为止。引起我注意的是一个吃白食者，是一种叫不上名字的小飞虫，但却是隧蜂的凶狠的暴君。

这歹徒有名字没有？我想应该是有的，但我却并不太想浪费时间去查询这种对读者来说并没多大意义的事情。花时间去弄清枯燥的昆虫分类词典上的解说，倒不如把清楚明白的事实提供给读者为好。我只需简略描绘一下这个罪犯的体貌特征就可以了。它是一种身长五毫米的双翅目昆虫，眼睛暗红，面色白净，胸廓深灰，上有五行细小黑点，黑点上长着后倾的纤毛，腹部呈浅灰色，腹下苍白，爪子系黑色。

在我所观察的隧蜂中，它的数量很多。它常常蜷缩在一个地穴附近的阳光下静候着。一旦隧蜂收获归来，爪上沾满黄色花粉，它便冲上前去，尾随隧蜂，前后左右飞来转去，紧追不舍。最后，隧蜂突然钻入自家洞中，这双翅目食客也随即落在洞穴入口附近。它一动不动，头冲着洞门，等待着隧蜂干完自己的活计。隧蜂终于又露面了，头和胸廓探出洞穴，在自家门前停留片刻。那吃白食者仍旧纹丝不动。

它们常常是面对面，间隔不到一指宽。双方都声色不动。隧蜂没有戒备伺机偷食的食客，至少，其外表之平静让人作如是想，而食客也丝毫没有担心自己的大胆行为会受到惩罚。面对一根指头就能把它压扁的巨人，这个侏儒却仍旧岿（kuī）然不动。

我本想看到双方有哪一方表现出胆怯来，却未能如愿：没有任何迹象表明隧蜂已知自己家里有遭到打劫之虞（yú），而食客也没有流露出任何会遭到严厉惩处的担心。打劫者与受害者双方只是互相对视了片刻而已。

巨大的宽宏大量的隧蜂只要自己愿意，就可以用其利爪把这个毁其家园的小强盗给开膛破肚了，可以用其大颚压碎它，用其螯针扎透它，但隧蜂压根儿就没这么干，而是任由那个小强盗血红着眼睛盯住自己的宅门，一动不动地待在旁边。隧蜂表现出这种愚蠢的宽厚到底是为什么呢？

隧蜂飞走了。小飞蝇立刻飞进洞去，像进自己家门似的大大方方。现在，它可以随意地在储藏室里挑选了，因为所有的储藏室都是敞开着的；它还趁机建造了自己的产卵室。在隧蜂归来之前，没有谁会打扰它。让爪子沾满花粉，胃囊中饱含糖汁，是件颇费时间的活计，而私闯民宅者要干坏事也必须有充裕的时间。但罪犯的计时器非常精确，能准确地计算出隧蜂在外面的时间。当隧蜂从野外返回时，小飞蝇已经逃走了。它飞落在离洞穴不远的地方，待在一个有利位置，瞅准机会再次打劫。

万一小飞蝇正在打劫时，被隧蜂突然撞见，会怎么样呢？出不了大事的。我看见一些大胆的小飞蝇跟随隧蜂钻入洞内，并待上一段时间，而隧蜂则正在调制花粉和蜜糖。当隧蜂掺兑甜面团时，小飞蝇尚无法享用，于是它便飞出洞外，在门口等待着。小飞蝇回到太阳地里，并无惧色，步履平稳，这就明显地表明它在隧蜂工作的洞穴深处并未遇到什么麻烦事。

如果小飞蝇太性急，太讨厌，围着糕点转个不停，后颈上准会挨上一巴掌，这是糕点主人会有的举动，但也仅此而已。盗贼与被偷盗者之间没有严重的打斗。这一点，从侏儒步履平稳、安然无恙地从忙着干活儿的巨人洞穴出来的样子就可以看得出来。

隧蜂无论满载而归还是一无所获地回到自己家中，总要迟疑片刻，之后迅速地贴着地面前后左右地飞上一阵。它的这种胡乱飞行让我首先想到的是，它在试图以这种凌乱的轨迹迷惑歹徒。它这么做确实是必要的，但它似乎并没有那么高的智商。

它所担心的并非敌人，而是寻找自家宅门时的困难，因为附近小土包一个又一个，相互重叠，昆虫小镇又街小巷窄，再加上每天都有新的杂物被清理出来，小镇面貌日日有变。它的犹豫不决明显可见，因为它经常摸错门，闯到别人家中。一看到门口的细微差异，它立刻知道自己走错门了。

于是，它重又努力地开始弯来绕去地探查，有时突然飞得稍远一点儿。最后终于摸到自家宅穴。它喜不自胜地钻了进去，但是，不管它钻得有多快，小飞蝇还是待在其宅门附近，脸冲着其门口，等待着隧蜂飞出来后好进去偷蜜。

当屋主又出了洞门时，小飞蝇则稍稍退后一点儿，正好留出让对方通过的地方，仅此而已。它干吗要多挪地方呀？二者相遇是如此相安无事，所以如果不知道一些其他情况的话，你是想不到这是窃贼与屋主间的狭路相逢。

小飞蝇对隧蜂的突然出现并没有惊慌失措，它只是稍加小心了点儿而已。同样，隧蜂也没在意这个打劫它的强盗，除非后者跟着它飞，纠缠它。这时，隧蜂一个急转弯就飞远了。

吃白食者此刻也处于两难境地。隧蜂回来时甜汁在其嗉（sù）囊中，花粉沾在爪钳里，甜汁盗贼吃不着，花粉尚无定型，是粉末状的，也进不了口。再者，这一点点花粉也不够塞牙缝的。为了集腋成裘（qiú）制成圆面包，隧蜂要多次外出去采集花粉。必需的材料采集齐备之后，隧蜂便用大颚尖掺和搅拌，再用爪子将和好的面团制成小丸。如果小飞蝇把卵产在做小丸的材料上，经这么一番揉捏，那肯定是完蛋了。

所以，小飞蝇的卵是产在做好的面包上面的，因为面包的制作是在地下完成的，吃白食者就必须进入隧蜂的洞宅之中。小飞蝇贼胆包天，果真钻下去了，即使隧蜂身在洞中也全然不顾。失主要么是胆小怕事，要么是愚蠢地宽容，竟然任窃贼自行其是。

小飞蝇悉心窥探、私闯民宅的目的并不是想损人利己，不劳而获。它自己就可以在花朵上找到吃的，而且并不费事，比这么去偷去抢要省劲儿得多。我在想，它跑到隧蜂洞中也就是想简单地品尝一下食物，知道一下食物的质量如何，仅此而已。它的宏大的、唯一的要事就是建立自己的家庭。它窃取财富并非为了自己，而是为了自己的后代。

我们把花粉面包挖出来看看。我们将会发现这些花粉面包经常是被糟蹋成碎末状，白白地浪费了。在散落在储藏室地板上的黄色粉末里，我们会看见有两三条尖嘴蛆虫蠕动着。那是双翅目昆虫的后代。有时与蛆虫在一起的还有真正的主人——隧蜂的幼虫，但却因吃不饱而孱（chán）弱不堪。蛆虫尽管不虐（nüè）

待隧蜂幼虫，但却抢食了后者最好的食物。隧蜂幼虫可怜兮兮，食不果腹，身体每况愈下，很快便一命呜呼了。其尸体变成了微小颗粒，与剩下的食物混在一起，成了蛆虫的口中之物。

可隧蜂妈妈在孩子遭难之时在干什么呢？它随时都有空去看看自己的宝宝的。它只要探头进洞，便可清楚地知晓孩子们的惨状。圆面包糟蹋一地，蛆虫在钻来钻去，稍看一眼就全清楚是怎么回事了。那它非把窃贼子孙弄个肚破肠流不可！用大颚把它们咬碎，扔出洞外，简直是轻而易举的事。可是愚蠢的妈妈竟然没有想到这么做，反而任由鸠（jiū）占鹊巢者逍遥法外。

随后，隧蜂妈妈干的事更愚蠢。成蛹期来到之后，隧蜂妈妈竟然像封堵其他各室一样把被洗劫一空的储藏室用泥盖封堵严实。这最后的壁垒对于正在变形期的隧蜂幼虫来说是绝妙的防护措施，但是当小飞蝇来过之后，你这么一堵，那可是荒唐透顶了。隧蜂妈妈对这种荒唐之举却毫不犹豫，这纯粹是本能使然，它竟然还把这个空房给贴上封条。我之所以说是空房，是因为狡猾的蛆虫吃光了食物之后，立即抽身潜逃了，仿佛预见到日后的小飞蝇会遇到一道无法逾越的屏障似的。在隧蜂妈妈封门之前，它们就已经离开了储藏室。

吃白食者既卑鄙狡诈，又小心谨慎。所有的蛆虫都会放弃那些黏土小屋，因为这些小屋一旦堵上，那它们就会葬身其间的。黏土小屋的内壁有波状防水涂层，以防返潮，小飞蝇的幼虫表皮很敏感娇嫩，似乎对这种小屋倍感舒适。这里是其理想的栖身之地，然而蛆虫却并不喜欢。它们担心一旦变成小飞蝇，会被困在其中，所以便匆匆离去，分散在升降井附近。

我挖到的小飞蝇确实都在小屋外面，从未在小屋里面见到过它们。我发现它们一个一个都挤在黏土里的一个窄小的窝儿内，那是它们还是蛆虫时移居到此后营建的。来年春天，出土期来临时，成虫只需从碎土中挤出去就能到达地面了，这一点儿也不困难。

吃白食者的这种迫不得已的搬迁还有另一个同样十分重要的原因。七月里，隧蜂要第二次生育。而双翅目的小飞蝇则只生育一次，其后代此时尚处于蛹的状态，只等来年变为成虫。采蜜的隧蜂妈妈又正开始在家乡小镇忙着采蜜，它直接利用春天建筑的竖井和小屋，这可大大地节约了时间！精心构筑的竖井房舍全都完好如初，只需稍加修缮（shàn）便可交付使用。

如果生就喜欢干净的隧蜂在打扫屋子时发现一只蝇蛹，会怎么样呢？它会把这个碍事的玩意儿当作建筑废料似的给处理掉。它会把这玩意儿用大颚夹起，也许把它夹碎，搬到洞外，扔进废物堆中。蝇蛹被扔到洞外，任凭风吹日晒，必死无疑。

我很钦佩蛆虫明智的预见，不求一时之欢快，而谋未来的安然无恙。有两个危险在威胁着它：一是被堵在死牢中，即使变成飞蝇也无法飞出去；二是在隧蜂修缮宅子后清扫垃圾时把它一块儿扔到洞外，任凭风吹雨打，抛尸野外。为了逃避这双重的灾难，在屋门封堵之前，在七月里隧蜂清扫洞宅之前，它便先行逃离险境。

我们现在来看一看吃白食者后来的情况。在整个六月里，当隧蜂休闲的时候，我对我那昆虫众多的昆虫小镇进行了全面搜索，总共有五十来个洞穴。地下发生的惨案没有一件能逃过我的眼睛。我们一共四个人，用手把洞里挖出的土过筛，让土从手指缝中慢慢地筛下去。一个人检查完了，另一个人再重新检查一遍，然后第三个人、第四个人再进行两次复检。检查的结果令人心酸。我们竟然没有发现一只隧蜂的虫蛹，一只也没有。这隧蜂密集于此的街区，居民全部丧生，被双翅目昆虫取而代之。后者呈蛹状，多得无以计数，我把它们收集起来，以便观察其进化过程。

昆虫的生活季结束了，原先的蛆虫已经在蛹壳内缩小，变硬，而那些棕红色的圆筒却保持静止不动的状态。它们是一些具有潜在生命力的种子。七月的似火骄阳无法把它们从沉睡中烤醒。在这个隧蜂第二代出生期的月份中，上帝好像颁发了一道休战圣谕：吃白食者停工休整，隧蜂和平地劳作。如果敌对行动接二连三，夏天同春天时一样大开杀戒，那么受害太深的隧蜂也许就要灭种了。第二代隧蜂有这么大一段休养生息期，生态的平衡也就得以保持了。

四月里，当斑纹隧蜂在围墙内的小径上飞来飞去，寻找一个理想地点挖洞建巢时，吃白食者也在忙着化蛹成虫。啊！迫害者与受迫害者的历法是多么精确，多么令人难以置信呀！隧蜂开始建巢之时，小飞蝇也已准备就绪：它那以饥饿之法消灭对方的故技又重新开始了。

如果这只是一个孤立的情况，我们就不用去注意它了：多一只隧蜂少一只隧蜂对生态平衡并不重要。可是，不然！以各种各样的方式进行杀戮抢掠已经在芸芸众生中横行无度了。从最低等的生物到最高等的生物，凡是生产者都受到非生产者的盘剥。以其特殊地位本应超然于这些灾难之外的人类本身，却是这类弱肉强食的残忍表现的最佳诠释者。人在心中想：“做生意就是弄别人的钱。”正如小飞蝇心里所想：“干活儿就是弄隧蜂的蜜。”为了更好地抢掠，人类创造了战争这种大规模屠杀和以绞刑这种小型屠杀为荣的艺术。

人们每个星期日在村中小教堂里唱诵那个崇高的梦想：“荣耀归于至高无上的上帝，和平归于凡世人间的善良百姓！”我们将永远也看不到它的实现。如果战争关系到的只是人类本身，那么未来也许还会为我们保存和平，因为那些慷慨大度的人在致力于和平。但是，这灾祸在动物界也极其肆虐，而动物是冥顽不化的，是永远不会讲道理的。既然这种灾祸是普遍现象，那也许就是无法治愈的绝症了。未来的生活令人不寒而栗，将会如同今日之生活一样，是一场永无休止的屠杀。

于是，人们便挖空心思，终于想象出来一个巨人，能把各个星球把玩于股掌之中。他是无坚不摧的力量的化身，他也是正义和权力的代表。他知晓我们在打仗，在杀戮，在放火，野蛮人在获得胜利；他知晓我们拥有炸药、炮弹、鱼雷艇、装甲车以及各种各样的高级杀人武器；他还知晓包括草民百姓在内的因贪婪而引起的可怕的竞争。那么，这位正义者，这位强有力的巨人，如果他用拇指按住地球的话，他会犹豫着不把地球按碎吗？

他不会犹豫的……但他会让事物顺其自然地发展下去的。他心中也许会想：“古代的信仰是有道理的；地球是一个长了虫的核桃，被邪恶这只蛀虫啃咬。这是一种野蛮的雏形，是朝着更加宽容的命运发展的一个艰难阶段。我们顺其自然吧，因为秩序和正义总是排在最后的。”

作家和你面对面

各位同学，读了让－亨利·法布尔的作品，你想了解作家及其创作吗？让我们听听编者对法布尔的生活和创作的介绍吧。

《昆虫记》是一本什么样的书？

《昆虫记》是法国杰出昆虫学家法布尔的一部不朽的著作，它不仅是一部文学巨著，也是一部科学百科。《昆虫记》一共有十卷本，两三百万字，它详细地描述了昆虫们的生育、劳作、狩猎、婚嫁与死亡。法布尔不只普及知识，还用故事来呈现昆虫的世界，把自己的人生感悟、对生命的尊重写进了书中，使作品极具文学色彩。作家法布尔甚至还被提名过诺贝尔文学奖。

法布尔的经历是怎么样的呢？

1823年，法布尔生于法国南部的圣雷翁村一户农家，他从小就喜欢花、鸟、虫、鱼。法布尔家里很贫穷，他连中学都没有读完。可是，他通过自学，最终拿到了自然科学的博士学位。法布尔后来到中学任教，将业余时间全部放在了昆虫研究上。1879年，《昆虫记》第一卷问世，在生命的后三十五年，他一直居住在“荒石园”，陆续完成了《昆虫记》的后九卷。

《昆虫记》在世界上有什么影响？

《昆虫记》至今有五十多个语种版本，但许多版本都是节译本或改写本。日本首先出版了《昆虫记》的全译本，近八十多年来更有四十七种全译本或摘译本面世。在20世纪20年代，《昆虫记》就已经有了中文译本，当时就引发了广大读者浓厚的兴趣。到了20世纪90年代末，中国读书界再度掀起“法布尔热”，出现了多种《昆虫记》的摘译本、缩编本，甚至全译本。

为什么法布尔能取得这么大的成就呢？

是求真的科学精神让法布尔取得了这么大的成就。法布尔细致入微地观察毛虫的旅行，不顾危险捕捉黄蜂，大胆假设、谨慎实验、反复推敲实验过程与数据。法布尔自己曾说："在对某个事物说'是'以前，我要观察、触摸，而且不是一次，是两三次，甚至没完没了，直到我的疑心在如山的铁证下归顺听从为止。"

在野外如何观察昆虫呢？

首先，我们要带好必备的工具，如相机、手电筒、尺子、镊子、橡胶手套等。我们还要做好防护工作，有的昆虫可是蜇人的。

其次，要针对不同的昆虫选择不同的地点。例如，树干上常会发现天牛、锹甲和蝉的身影，有花朵的地方容易看到蜜蜂和蝴蝶，草丛中有蝗虫、蟋蟀，淡水边有蜻蜓、蜉蝣，等等。

最后，观察昆虫时，尽量不要伤害昆虫，因为我们观察的目的是为了更好地保护昆虫。如果要将昆虫捉在手里观察，观察完后也要将其轻轻地放回原处。

编后

本书是配合义务教育教科书语文四年级上册选编的，目的是增加学生阅读兴趣，提高学生阅读能力。

《义务教育语文课程标准》明确提出："要重视培养学生广泛的阅读兴趣，扩大阅读面，增加阅读量，提高阅读品位。提倡少做题，多读书，好读书，读好书，读整本的书。"

语文教材中选用了一些作家的作品作为课文，这些课文受到学生的喜爱。"课文作家作品系列"让学生学完课文后，延伸阅读该作家的其他文章，是拓展阅读面、扩大阅读量的重要方式。编者根据中小学低、中、高年级不同学段的阅读能力和阅读要求，精心选择文章，按照难易程度排列。低年级全文注音，中高年级难字注音，方便学生自主阅读。

每本书后还编排了"作家和你面对面"的内容，让学生了解作家的经历和创作，学习读写的方法，也为教学提供背景资料。

走近作家，爱上阅读！

编者

2019 年 12 月